E. Mach

Optisch - Akustische Versuche

Die Spectrale und stroboskopische Untersuchung tönender Körper

E. Mach

Optisch - Akustische Versuche
Die Spectrale und stroboskopische Untersuchung tönender Körper

ISBN/EAN: 9783741172595

Hergestellt in Europa, USA, Kanada, Australien, Japan

Cover: Foto ©berggeist007 / pixelio.de

Manufactured and distributed by brebook publishing software
(www.brebook.com)

E. Mach

Optisch - Akustische Versuche

OPTISCH-AKUSTISCHE

VERSUCHE.

—

DIE SPECTRALE UND STROBOSKOPISCHE

UNTERSUCHUNG

TÖNENDER KÖRPER.

VON

E. MACH,

PROFESSOR AN DER UNIVERSITÄT PRAG.

————————

PRAG, 1873.

J. G. Calve'sche k. k. Univ.-Buchhandl.

(OTTOMAR BEYER.)

Vorwort.

Vorliegendes Schriftchen enthält eine Reihe anscheinend verschiedenartiger Abhandlungen, deren innern Zusammenhang man jedoch sofort erkennen wird. Einige der hier beschriebenen Versuche habe ich schon vor mehreren Jahren in Graz begonnen, musste dieselben aber, wegen vollständigen Mangels aller Mittel, bald aufgeben und konnte sie erst jetzt wieder vornehmen. Auch diesmal ist mir bei manchen Theilen meiner Arbeit, anderer Uebelstände nicht zu gedenken, namentlich der morsche schwankende Boden desjenigen Locales, in welchem das physikalische Institut der Prager Universität untergebracht ist, sehr hinderlich geworden.

Dennoch glaube ich, dass vorliegendes Heft manche beachtenswerthe Thatsache und manche brauchbare Untersuchungsmethode enthält.

Ich kann hier nicht unterlassen, meinem Collegen Professor Lieben für die sorgfältige Versilberung werthvoller Plangläser, Herrn Dr. Vrba für die Herstellung einiger Krystallschliffe und meinen Schülern den Herren Hervert, Dufek und Janouschek für ihre eifrige Theilnahme an mehreren Experimenten, verbindlichst zu danken.

Prag, Juli 1872.

E. M.

Inhalt.

Optisch-akustische Versuche.

Die Doppelbrechung des Glases durch Druck.

1.

Schon Th. Seebeck[1]) hat die Polarisations-, Doppelbrechungs- und Farbenerscheinungen rasch gekühlter Gläser beobachtet und beschrieben, ohne jedoch, wie es scheint, zu wissen, dass er rasch gekühlte Gläser vor sich habe. Der Zusammenhang dieser Erscheinungen mit Spannungszuständen blieb ihm daher verborgen. Er verhält sich zwar sehr selbstständig der Malus'schen Theorie der vierkantigen Lichtstrahlen gegenüber, ist aber dafür ein Anhänger der bekannten Trübungs-theorie.

Bald darauf hat Brewster[2]) unabhängig von Seebeck eine Reihe von wichtigen Experimentalunternehmungen durchgeführt, deren Resultate in den „Philosophical transactions of

[1]) Seebeck, Schweiggers Journal Bd. 7, S. 259.
[2]) Brewster, philos. trans. 1814. On the affection on light transmitted through crystallized bodies p. 187, part. I. — On the polarisation of light by oblique transmission throug all bodies. p. 319. — On new properties of light exhibited in the optical phenomena of mother of pearl etc. p. 397. — Results of some recent experiments on the properties impressed upon light by the action of glass raised to different temperatures etc. p. 436.
Transactions 1815. Additional observations on the optical properties and structure of heated glass etc. p. 1. — Experiments on the depolarisation of light as exhibited by various mineral, animal and vegetable bodies etc. p. 29. — On the effects of simple pressure in producing that species of crystallisation which forms two oppositely polarised images etc. p 60. — On the laws, which regulate the polarisation of light by reflection etc. p. 125. — On the multiplication of images and the colours, which accompany them etc. p. 270.
Transactions 1816. On new properties of heat p. 46. — On the communication of the structure of doubly refracting crystals to glass, muriate of soda, fluor spar, and other substances, by mechanical compression and dilatation p. 156. — On the structure of the crystalline lens in fishes and quadrupeds etc. p. 311.

2

the royal society (1814—1816)" niedergelegt sind. Diese Arbeiten beschäftigen sich mit der Polarisation des Lichtes durch Reflexion und Brechung, mit der Doppelbrechung organischer Körper, der Doppelbrechung durch Druck und Erwärmung. Brewster hat das experimentelle Material vollständig bewältigt und geordnet. Von ihm rührt fast Alles her, was man auf diesem Gebiete weiss. Die viel spätere Arbeit von Fresnel [1]) über die Doppelbrechung des Glases durch Druck bildet eine schöne Ergänzung zu Brewster's Abhandlungen.

Brewster weiss, dass die Polarisationsebenen der beiden durch erwärmtes Glas gegangenen Lichtcomponenten zur Richtung der Wärmefortpflanzung parallel, beziehungsweise senkrecht sind, so wie auch dass positive und negative Doppelbrechung zugleich in verschiedenen Theilen desselben Glasstückes auftritt. Dass Brewster meint, die Wärme bringe in den optischen Eigenschaften doppelt brechender Körper keine Veränderung hervor, liegt wohl in der Unvollkommenheit seiner Untersuchungsmittel. Er gründet auch ein sinnreiches Thermoskop auf die optische Wirkung der Wärme.

Nach den Angaben desselben Forschers sind die Polarisationsebenen der durch gedrücktes Glas gegangenen Lichtcomponenten parallel und senkrecht zur Druckrichtung. Gepresstes Glas verhält sich wie Kalkspath (negativ), gedehntes wie Quarz (positiv). Gebogenes Glas bietet beide Arten der Doppelbrechung zugleich. Er findet dies mit Hilfe der Farben, die gedrückte Gläser im Polarisationsapparate zeigen, dadurch, dass er dieselben mit Krystallen von bekannten optischen Eigenschaften combinirt. Dass Druck bei schon an sich doppelbrechenden Körpern keine Veränderung hervorzubringen scheint, liegt wieder an der Unvollkommenheit des Versuches. Die Veränderung ist verschwindend gegen die schon vorhandene Doppelbrechung. Erstere würde sofort vortreten, wenn letztere zuvor compensirt würde. Auf die optischen Wirkungen des Druckes gründet Brewster wieder ein Dynamometer.

Wertheim [2]) hat sich mit der genaueren quantitativen Bestimmung des Gangunterschiedes der beiden Lichtcomponen-

---

[1]) Fresnel. Ann. de Chim. XX. 1822.
[2]) Wertheim, sur la double réfraction temporairement produite dans les corps isotropes, et sur la relation entre l'élasticité mecanique et entre l'élasticité optique. Ann. de Chim. 3° Serie. T. 40. (1854.)

ten in gepressten Gläsern beschäftigt und genauer als dies Brewster vermochte die Proportionalität zwischen Druck und Gangunterschied experimentell bewiesen. Ebenso weist Wertheim durch eine besondere Versuchsreihe nach, dass der Druck einen ebenso grossen Gangunterschied hervorruft, wie ein gleich grosser Zug.

Wertheim setzt Glasparallelepipede einem grossen Druck aus und bestimmt aus der erscheinenden Polarisationsfarbe (indem er dieselbe mit den Newton'schen Farben vergleicht) den Gangunterschied. Ein anderes genaueres Verfahren gründet sich auf die Anwendung des Natriumlichtes. Man steigert allmälig den Druck, bis durch das in den Polarisationsapparat eingeschaltete Glas bei gekreuzten Nicol's das Natriumlicht eben gelöscht wird. Der Gangunterschied beträgt dann eine halbe Natriumwellenlänge. Bei weiterer Drucksteigerung kommt das Licht wieder zum Vorschein, bei noch grösserem Druck verschwindet es wieder. Dann beträgt der Gangunterschied drei halbe Natriumwellenlängen u. s. w.

Als bemerkenswerth führt Wertheim an, dass die Aenderung der Dispersion bei der Doppelbrechung unmerklich ist und dass die Grösse der temporären Doppelbrechung bei verschiedenen Substanzen in keiner Beziehung zu den Brechungsexponenten dieser Substanzen steht.

Bei Gelegenheit dieser Versuche zeigte sich noch eine andere merkwürdige Thatsache. Die magnetische Drehung der Polarisationsebene und die Doppelbrechung durch Druck scheinen sich nämlich gegenseitig auszuschliessen. Erstere verschwindet in dem Masse als der Druck gesteigert wird und letztere vortritt. Dass im Allgemeinen ein Widerstreben zwischen Doppelbrechung und Circularpolarisation stattfindet, hält Wertheim für wahrscheinlich, weil nur schwach doppeltbrechende Körper die Polarisationsebene drehen.

2.

Schon vor Wertheim hat Neumann eine grosse theoretische Untersuchung der Doppelbrechung durch Druck ausgeführt. Er geht von dem Brewster'schen Satze aus, nach welchem die Grösse der Doppelbrechung eine lineare Function der Contractionen oder Dilatationen der Körpertheilchen ist und sucht auf dieses einfache Princip sämmtliche beobachtete Thatsachen zurückzuführen, indem er auch die Doppelbrechung

1*

4

durch Wärme als eine Folge der durch diese erzeugten Dilatationen und Contractionen auffasst.

Wie man sich auch zu Neumann's theoretischen Ansichten stellen mag, seinen Hauptsätzen muss man jedenfalls beistimmen. Dass bei der durch Druck erzeugten Doppelbrechung die Aenderung der Dispersion in erster Annäherung vernachlässigt werden kann, folgert er aus der Uebereinstimmung der Farbenfolge comprimirter Körper und der Newton'schen Ringe. Wertheim ist darin, wie erwähnt, mit Neumann vollständig derselben Ansicht.

Ferner muss man als einleuchtend, die Neumann'sche Annahme erkennen, dass das System der Fortpflanzungsgeschwindigkeiten symmetrisch ist in Bezug auf dieselben drei zu einander rechtwinkligen Ebenen, welche die Symmetrieebenen des Systems der Dilatationen in dem gleichförmig dilatirten Körper vorstellen.

Fig. 1.

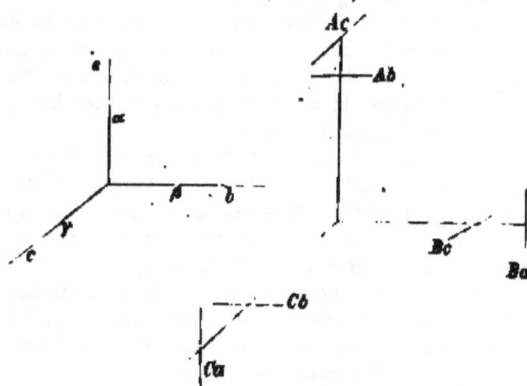

Bezeichnen also α, β, γ die Dilatationen in den Symmetrierichtungen a, b, c; so seien Ab, Ac die beiden Fortpflanzungsgeschwindigkeiten nach a, Ba, Bc jene nach b und Ca, Cb jene nach c, wobei der Index sich immer auf jene Richtung bezieht, welche die Polarisationsebene in sich enthält. Bedenkt man nun, dass Strahlen von gleicher Polarisationsebene auch die gleiche Geschwindigkeit haben, so folgt:

$$Ab = Ba, \quad Ac = Ca, \quad Bc = Cb.$$

Es sei z. B. Ca von $\alpha,\,\beta,\,\gamma$ linear abhängig, also
$$Ca = G + p\alpha + q\beta + r\gamma,$$
wobei G die ursprüngliche Lichtgeschwindigkeit; so muss Ac, welches man durch Vertauschung von α und γ aus Ca erhält, diesem gleich sein. Wir finden
$$Ac = G + p\gamma + q\beta + r\alpha = Ca = G + p\alpha + q\beta + r\gamma,$$
demnach $r = p$.
Es ist also
$$Ac = Ca = G + p\alpha + q\beta + p\gamma.$$
Es stellt aber $Ac = Ca$ die Elasticitätsaxe B nach der Richtung b vor. Die Axen A und C finden sich durch eine ganz analoge Vertauschung der $\alpha,\,\beta,\,\gamma$ wie die bereits vorgenommene und man gelangt so zu den Ausdrücken für die Elasticitäten:
$$A = G + q\alpha + p\beta + p\gamma,$$
$$B = G + p\alpha + q\beta + p\gamma,$$
$$C = G + p\alpha + p\beta + q\gamma.$$
Man sieht hieraus, dass die Grösse der Doppelbrechung nur von den Dilatationen und von zwei Constanten $p,\,q$ abhängt, über deren Werth sich a priori nichts sagen lässt. Die Beobachtung muss entscheiden, ob $p,\,q$ für alle Substanzen gleich oder ob sie verschieden sind. Neumann[1] hat zwei Versuche zur Bestimmung von $p,\,q$ für Spiegelglas ausgeführt, die in ähnlicher Form schon früher von Brewster[2] und Fresnel[3] angegeben wurden. Diese Versuche werden später noch ausführlicher besprochen. Was aber die Details der Neumann'-schen Abhandlung betrifft, so muss auf diese selbst verwiesen werden.

3.

Ich habe nun selbst zum Zwecke der nachfolgenden spectralen Untersuchung tönender Körper einige quantitative Bestimmungen der Doppelbrechung durchsichtiger Substanzen durch Druck ausgeführt. Da ich mir die betreffende Literatur nur sehr allmälig verschaffen konnte, so war es sehr natürlich,

---

[1] Neumann. Die Gesetze der Doppelbrechung in comprimirten oder ungleichförmig erwärmten unkrystallinischen Körpern. Abhandlung der Berliner Academie aus dem Jahre 1841, II. Theil.
[2] Brewster. Edinb. Trans. V. VIII. 1818, p. 869.
[3] Fresnel. Ann. de Chim. T. XV.

dass ich viele Versuche schon ausgeführt hatte, als ich erfuhr, dass ähnliche schon lange vor mir angestellt worden waren. Doch scheint die Methode, die ich eingeschlagen habe, manche Vortheile zu bieten und ich nehme daher keinen Anstand, meine Versuche,·deren Resultate mit den N éu mann'schen übereinstimmen, mitzutheilen.

Meine Versuche beschäftigen sich nicht allein mit der Farbenveränderung des gedrückten Glases im Polarisationsapparat, mit dem Verlöschen des Natriumlichtes u. s. w., sondern ich habe auch ein spectroskopisches Verfahren eingeschlagen. Als Fizeau und Foucault [1]) durch spectrale Zerlegung des Interferenzlichtes von grossen Gangunterschieden gezeigt hatten, dass man auf spectralem Wege noch sehr gut Interferenzen wahrnehmen und messen kann, die direct nicht mehr bemerkbar sind, als Müller [2]f eine ähnliche Analyse der Polarisationsfarben vorgenommen hatte, lag der Gedanke nahe, die gewöhnlichen Interferenzrefractometer durch spectrale zu ersetzen. So viel mir bekannt, ist die Methode der spectralen Interferenzen überhaupt nur selten, so z. B. zur Bestimmung von Wellenlängen durch Esselbách, Broch, Stefan, zur Untersuchung der Krystalle von Ditscheiner angewandt worden. Eine Anwendung zur Bestimmung von Brechungsexponenten ist mir nicht bekannt.

4.

Stellen wir uns zunächst die Erscheinungen, welche bei spectralen Interferenzen auftreten, anschaulich und übersichtlich vor. Tragen wir uns beispielsweise in a nach av $\frac{1}{2}$° Wellenlängen violetten Lichtes in vergrössertem Massstabe auf und ebenso nach ar $\frac{1}{2}$° Wellenlängen rothen Lichtes. Nun ziehen wir ov und or und theilen die Linie oa in 10 gleiche Theile. Die in den ungeraden Theilungspunkten 1, 3, 5 errichteten Perpendikel geben bis zum Durchschnitt mit ov $\frac{1}{2}$, $\frac{3}{2}$, $\frac{5}{2}$ ... Wellenlängen violetten, bis zum Durchschnitt mit or ebenso viele rothen Lichtes. Denken wir nun das von derselben Lichtquelle ausgehende weisse Licht werde in zwei gleiche Bündel getheilt, die, nachdem sie

---

[1]) Fizeau, et Foucault. Ann. de Chim. III. Ser. T. XXVI (1845). Pogg. Ann. Erg. II.
[2]) Müller, Pogg. Ann. Bd. 71 (1847).

mit einem gewissen Gangunterschied interferirt haben, spectral zerlegt werden. Wächst dieser Gangunterschied, den wir uns nach od aufgetragen denken von Null an so weit, dass die durch d zu os gezogene Parallele gerade den Durchschnitt des Perpendikels I mit ov trifft, so hat das äusserste violette Licht den Gangunterschied einer halben Welle und wird gelöscht.

Fig. 2.

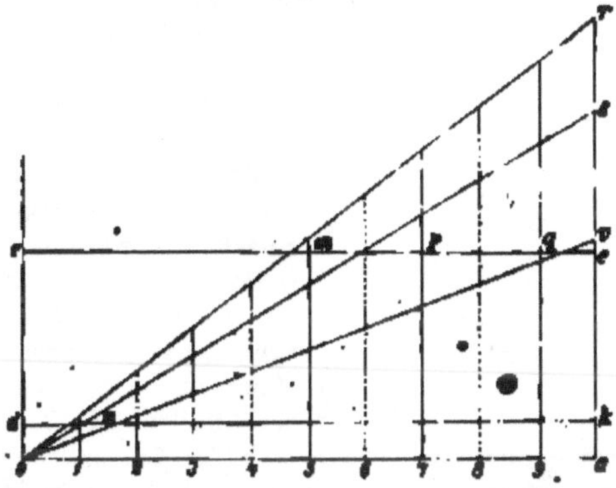

Bei Vergrösserung des Gangunterschiedes bis od wird sich nun eine Lichtsorte zwischen roth und violet finden, deren halbe Wellenlänge gerade od = 1n beträgt. Diese wird gelöscht. Stellen wir uns zwischen v und r das Beugungsspectrum aufgetragen vor, in welchem die Ablenkungen den Wellenlängen proportional sind, so erhalten wir die Stelle des dunklen Streifens s in diesem Spectrum vr, indem wir den Strahl ons ziehen. Man sieht nun wie mit der Vergrösserung des Gangunterschiedes od der dunkle Streifen s vom violetten gegen das rothe Ende des Spectrums rückt, indem der Strahl ons wie ein Fühlhebel gefasst und aufwärts gedreht wird. Bei grösseren Gangunterschieden wie os wird die Parallele el mehrere ungeradzahlige Perpendikel in dem Raume rov des sichtbaren Lichtes durchschneiden. Die von o aus durch qpm gezogenen Strahlen markiren die dunklen Streifen im Beugungsspectrum. Bei Vergrösserung des Gangunterschiedes bewegen sich die dunklen Streifen vom violetten gegen das rothe Ende des Spectrums, am rothen Ende treten sie aus, während am violetten neue eintreten. Da ferner das Eintreten rascher geschieht, als das Austreten, so wächst

8

die Zahl der gleichzeitig im Spectrum befindlichen Interferenzstreifen mit dem Gangunterschiede.

Wollte man den Verlauf dieser Erscheinungen im Spectrum
nachahmen, so könnte man wie folgt verfahren. Man trägt
einen Gangunterschied (z. B. *os*)

Fig. 3.

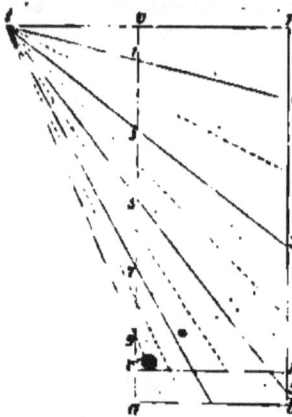

als Abscisse nach *vv'* und das
entsprechende Spectrum mit
allen seinen dunklen Punkten
als Ordinate nach *o'r'* auf. Wenn
man dies für eine grössere Anzahl von Gangunterschieden und
zugehöriger Spectra gethan und
die entsprechenden dunklen
Punkte durch Curven verbunden hat, so kann man sich nun
ein sehr schmales Spectrum über
vr entwickelt und allmälig bis
v'r' und weiter über die Zeichnung herabgeschoben denken.
Man sieht so das Fortschreiten
der Streifen bei Vergrösserung
des Gangunterschiedes. Wenn man die Curven (welche beim
Beugungsspectrum Gerade sind, die sich in *t* schneiden) dick
mit Tusche auszieht und die Zeichnung unter einem wirklichen
Spectrum, welches man prismatisch wieder zu weiss vereinigt,
durchzieht, so kommen die bekannten Newton'schen Interferenzfarben in ihrer natürlichen Ordnung zum Vorschein.

Man kann nun zu letzterer Construction auch sehr einfach
direct gelangen. Theilen wir die Linie *vo* in eine beliebige Zahl
gleicher Theile und markiren wir die ungeraden Theilungspunkte. Stellen wir *tv* senkrecht zu *os*. Wenn wir nun durch
die ungeraden Theilungspunkte von *t* aus Strahlen ziehen, so
mögen die Stücke *vl*, *v3*, *v5* . . , ½, ¾, ⅝ Wellenlängen violetten
Lichtes bedeuten. Dann stellen die übrigen Ordinaten der Linien
t1, *t2*, *t3* . . . die gleiche Wellenlängenzahl aller Lichtsorten
von der Wellenlänge *o* an vor. Verhält sich nun *tv* : *tr* wie die
Wellenlänge des violetten zu jener des rothen Lichtes, so sind
auf der Linie *rb* die entsprechenden Wellenlängenzahlen, des
rothen Lichtes abgeschnitten. Man sieht nun, wie in dem
Spectrum *vr* die Durchschnittspunkte mit den Strahlen *t1*, *t3* . . .
sofort die gelöschten Farben bezeichnen, wenn man das Spectrum

um den betreffenden Gangunterschied z. B. *vv′* an der Zeich-.
nung herabschiebt.

Wenn das .von dunkeln Streifen durchzogene Spectrum
wieder prismatisch vereinigt wird, so erhält man, wie erwähnt,
die Farbe eines Newton'schen Ringes. Bei wachsenden Gangunterschieden präsentirt sich nun, wenn die Constructionen so
ausgeführt werden, wie dies bisher angenommen wurde, dieselbe
Farbenreihe, welche die Newton'schen Ringe im durchgelas-
senen Lichte bieten, wenn man vom Centrum nach aussen fort-
schreitet. Die Newton'schen Ringe im reflectirten Lichte beginnen aber, im Centrum mit dem Gangunterschied einer halben
Wellenlänge für alle Strahlen. Die erste Löschung tritt wieder
ein, wenn für das violette Licht der Gangunterschied einer
ganzen Wellenlänge zugewachsen ist. Will man diese Farben-
reihe·erhalten, so hat man, wie leicht ersichtlich in Fig. 2, 3
statt der ausgezogenen Perpendikel und Strahlen, die punktirten zu berücksichtigen und sonst die Construction ganz wie
früher auszuführen. Ausserdem hat man dann im Punkte *o*
Fig. 2 ein punktirtes Perpendikel und nach *tv* in Fig. 3 einen
punktirten Strahl gezogen zu denken.

Die Construction Fig. 2 kann nach links unten, jene Fig. 3
nach oben fortgesetzt und ergänzt werden, so dass beide auch
für negative Gangunterschiede passen. Die Construction Fig. 2
lässt noch mannigfaltige Anwendungen zu. Sie zeigt z. B. sehr
hübsch das von Fizeau [1]) bei grossen Gangunterschieden beobachtete abwechselnde Zusammen- und Zwischeneinanderfallen
der Newton'schen Ringe, welche den beiden Natriumlinien
entsprechen.

Die angeführten Constructionen sind immer auch für andere Medien als Luft streng richtig, wenn man eben die Wellenlängen in diesem andern Medium berücksichtigt und die Farben
in dem Spectrum·*vv* so geordnet denkt, dass die Entfernungen
derselben von *α* Fig. 2 und *t* Fig. 3 proportional diesen Wellenlängen sind. Mit einer geringen Modification kann man dieselbe Darstellung für die Gangunterschiede der beiden Lichtcomponenten in doppeltbrechenden Körpern und die entsprechenden Interferenzspectra verwenden. Ist *λ* die Wellenlänge

[1]) Fizeau. Ann. de Chim. III. Serie, T. LXVI. — Pogg. Ann. 119, Bd.

einer Lichtsorte und D der Gangunterschied in demselben Medium, so findet eine Löschung statt, so oft

$$D = \frac{\lambda}{2}, \frac{3\lambda}{2}, \frac{5\lambda}{2} \cdots$$

Wir haben daher die Wellenlängen und die Gangunterschiede in demselben Maasstabe aufzutragen. Bei doppelt brechenden Medien ist dies anders.

Ist λ eine Wellenlänge in der Luft und bedeuten n, ν die beiden Brechungsexponenten für das doppeltbrechende Medium, so sind $\frac{\lambda}{n}$, $\frac{\lambda}{\nu}$ die beiden Wellenlängen in diesem. Legen nun die beiden Lichtcomponenten den Weg D mit einander im Krystall zurück, so liegt auf dieser Strecke von der einen Componente die Wellenlängenzahl $\frac{Dn}{\lambda}$, von der andern $\frac{D\nu}{\lambda}$.

Wird der Unterschied

$$\frac{Dn}{\lambda} - \frac{D\nu}{\lambda} = \frac{D}{\lambda}(n - \nu) = \frac{1}{2}, \frac{3}{2}, \frac{5}{2} \cdots$$

so kann durch Zurückführung auf eine Polarisationsebene Löschung des Lichtes der betreffenden Sorte stattfinden. Es kann also Löschung stattfinden für

$$D = \frac{1}{2} \frac{\lambda}{n - \nu}, \frac{3}{2} \frac{\lambda}{n - \nu}, \frac{5}{2} \frac{\lambda}{n - \nu} \cdots$$

Unsere obige Construction wird also anwendbar, wenn wir statt der halben Wellenlängen diese halben Wellenlängen durch $n - \nu$ dividirt auftragen. Wählen wir für das Auftragen von D einen gewissen Maasstab, so haben wir für die Wellenlängen den $\frac{1}{n - \nu}$ fachen zu wählen und bei jeder Farbe auf die zugehörigen Brechungsexponenten Rücksicht zu nehmen. Da nun $n - \nu$ meist eine sehr kleine Zahl ist, so wird der Maasstab für die Wellenlängen ein sehr grosser und das Licht muss also in doppeltbrechenden Körpern sehr viel grössere Strecken zurücklegen, um dieselben Spectralerscheinungen zu zeigen, wie bei kleinen Gangunterschieden in der Luft.

Was nun die Vortheile betrifft, welche mit der spectralen Zerlegung des Interferenzlichtes sich ergeben, so sind dieselben einleuchtend. Wenn bei einem gewöhnlichen System von Interferenzstreifen der Gangunterschied sich um eine Wellenlänge ändert, so tritt eine Verschiebung des ganzen Streifensystems um eine Streifenbreite ein. Dasselbe geschieht bei den Interferenzstreifen im Spectrum. Wächst der Gangunterschied um eine Wellenlänge des Lichtes von bestimmter Sorte, so rücken alle Streifen gegen das rothe Ende und der nächst vorhergehende Streifen tritt an die Stelle desjenigen der gehannten Sorte. Da man nun Spectren von Interferenzlicht herstellen kann, welche nur einen dunklen Streifen enthalten, so entspricht in solchen der Aenderung des Gangunterschiedes von einer Wellenlänge die Wanderung des Streifens selbst über das ganze Spectrum. Die Empfindlichkeit ist also in diesem Fall eine sehr grosse. Freilich ist dann der Streifen nicht scharf begrenzt und man muss sehr gute Apparate zur Verfügung haben, um denselben deutlich zu sehen. Aber selbst bei einer grösseren Streifenzahl ist die Empfindlichkeit noch immer gross und die Einstellung des Fadenkreuzes auf die Mitte des Streifens nicht mehr schwierig.

Wendet man ein Spectrum von grösserer Streifenzahl an, so nimmt zwar die Empfindlichkeit ab. Immer aber verbleibt noch ein anderer Vortheil: Man übersieht nämlich den Einfluss der Farbe bei den beobachteten Aenderungen, ohne dass man genöthigt wäre, zu der immer umständlichen Anwendung des homogenen Lichtes zu greifen.

5.

Gehen wir zunächst an die Bestimmung des Gangunterschiedes der beiden Lichtcomponenten in einem durch Gewichte gedehnten Glasstab. Schaltet man einen Stab von verticaler Längenrichtung zwischen zwei gekreuzte Nicol's ein, deren Polarisationsebenen unter 45° gegen die Verticale geneigt sind, so hellt sich das Gesichtsfeld bekanntlich auf, sobald man Gewichte an den Stab hängt. Die weitere Einschaltung eines Gypsblättchens von passender Dicke und Orientirung gibt dem Gesichtsfeld eine lebhafte Färbung, die sich mit der Belastung ändert. Dieser Versuch führt von selbst zum spectroskopischen Verfahren. Die Aenderung der Farbe rührt von der Löschung immer anderer Farben im weissen Licht her und muss sich daher als Verschiebung eines oder mehrerer dunkler Streifen im Spectrum präsentiren. Auch der Glasstab für sich ohne Gypsblättchen nimmt bei grösserer Belastung successive die Newton'schen Farben an, gibt also bewegte Spectralstreifen. Allein erst bei einer beträchtlichen Belastung tritt ein

breiter Streifen in's Spectrum. Bei diesem Verfahren entzieht
sich also ein Theil des Vorganges der Messung.

Es bleibt also vortheilhafter, einen gewissen Gangunterschied, der einen deutlichen Streifen gibt, etwa durch ein Gypsblättchen hervorzurufen und diesen Gangunterschied durch den
gedehnten Stab ändern, d. h. den schon vorhandenen Spectralstreifen verschieben zu lassen. Welcher Aenderung des Gangunterschiedes aber eine gegebene Streifenverschiebung entspricht,
findet man am besten, wenn man diese Verschiebung durch Einschaltung einer Krystallplatte von bekannter Dicke und genau
bekannten optischen Eigenschaften wieder compensirt, d. h.
vernichtet. Ich habe mich eines Quarzcompensators bedient.
Die Aufstellung des Apparates ist durch Fig. 4 im Grundriss dargestellt. Eine Petroleumlampe L sendet ihr Licht durch

Fig. 4.

das erste Nicol N und den im horizontalen
Querschnitt dargestellten Glasstab S, dann durch
das Gypsblättchen G, den Quarzcompensator Q,
das zweite Nicol N' in das Spaltenrohr R des
Spectralapparates, dessen Prisma durch P,
dessen Beobachtungsrohr durch R' vorgestellt
ist. Die correctere Aufstellung wäre eigentlich
eine Einschaltung der Stücke N bis N' zwischen
R und P gewesen, weil doch nur dann paral-
leles Licht durch Glas, Gyps und Quarz geht.
Allein ich habe mich überzeugt, dass auch die
beschriebene Aufstellung keinen erheblichen
Nachtheil mit sich bringt, weil das Licht auf
der nicht unbeträchtlichen Strecke L bis zur
Spalte R doch fast parallel ist. Ich musste
diese Aufstellung der andern vorziehen, weil ich
nur schlecht geschliffene Nicol's von der erfor-
derlichen Grösse zur Verfügung hatte, welche in
jeder Stellung ausser vor der Spectralspalte die
Reinheit der Bilder merklich afficirten. Freilich
war hiemit ein Lichtverlust verbunden, der
aber nicht unangenehm empfunden wurde.

Die Einrichtung des Compensators Q ist
folgende: Er besteht aus den Quarzkeilen 1, 2,
welche zusammen eine planparallele Platte geben.
Die optischen Achsen der Keile sind horizontal und senkrecht
auf die Linie NN'. Die dritte Platte ist ebenfalls eine plan-

parallele und achsenparallele Quarzplatte, deren optische Achse vertical steht. Die Platte 3 ist fix, 2 mit der Hand, 1 durch eine Schraube horizontal verschiebbar. War die Dicke von 1 und 2 zusammen so gross wie jene von 3, so verhielt sich alles so, als ob gar kein Quarz eingeschaltet gewesen wäre. Wurde die Dicke von $1 + 2$ etwas vergrössert, so entsprach dies der Einschaltung einer planparallelen Quarzplatte mit horizontaler optischer Achse und von der Nulle an zunehmender Dicke. Die Verringerung der Dicke $1 + 2$ entsprach umgekehrt der Einschaltung von verticalachsigem Quarz. Einer Umdrehung der Schraube entsprach eine Vermehrung oder Verminderung der Quarzdicke von 0·0152 Mm. Die Gypsplatte wäre überflüssig gewesen und die Quarzplatten allein hätten zu dem Versuche ausgereicht, wenn der Schliff der letzteren tadellos gewesen wäre. Allein der Interferenzstreifen, wenn bloss einer im Spectrum stand, was für diese Versuche nöthig war, zeigte sich nicht scharf genug, wenn er durch den Compensator allein erzeugt wurde.

Es erübrigt noch die Beschreibung des Belastungsapparates. Denselben zeigt Fig. 5 im Aufriss. Ein festes Gestell von Holz trägt oben einen durch eine Schraube vertical verschiebbaren Rahmen, an welchem mit Hilfe eines Hakens der Glasstab ob aufgehängt ist. Das untere Ende des Glasstabes trägt ebenfalls einen Haken, der die Verbindung mit dem äquilibrirten Hebel dce durch ein Drahtstück vermittelt. Am Hebel befindet sich ein verschiebbares Laufgewicht f. Die Schraube s hat die Aufgabe, den Hebel ds nach den allenfalls eingetretenen Dehnungen der Verbindungsstücke in die horizontale Lage zurückzuführen. Nachdem die

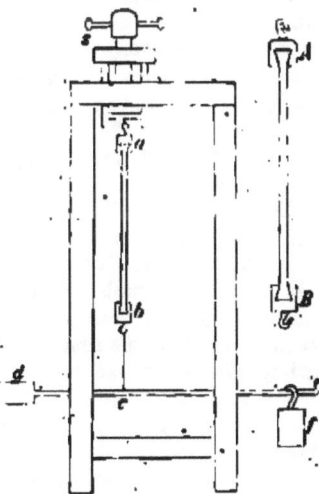

Fig. 5.

grösste Last aufgelegt ist, die man dem Glasstab geben will,

14.

wird derselbe noch mit einer Führung versehen, damit er sich
bei Aenderungen der Belastung nicht merklich bewegen kann.
Vor der Belastung kann natürlich wegen der zu besorgenden
Brüche keine Führung eingelegt werden. Der Glasstab selbst
ist in *AB* vergrössert dargestellt. «Es sind an demselben Zinken angeschliffen, welche in mit Haken versehene Metallfas-
sungen eingekittet sind. Das Licht geht parallel der längeren
Seite des rechteckigen Querschnittes durch und macht bei den
meisten der angewandten Stäbe im Glase einen Weg von 3—4
Centimeter.

Bei den Belastungsversuchen wurde nun das Fadenkreuz
des Fernrohres im Spectralapparat auf die Mitte des dunklen
Spectralstreifens eingestellt. Nach aufgelegtem Gewicht zeigte
sich der Streifen verschoben und wurde nun durch den Compensator auf das Fadenkreuz zurückgeführt, wobei an dem getheilten Schraubenkopf die Drehung abgelesen werden konnte.
Es musste jedesmal Quarz mit horizontaler optischer Achse eingeschaltet werden, um die Wirkung des vertical gedehnten
Stabes aufzuheben. Der gedehnte Stab verhält sich also wie
(verticalachsiger) Quarz, also optisch-positiv.

An einem Quarzprisma mit zur optischen Achse paralleler
brechender Kante sieht man nun leicht mit Hilfe des Nicols,
dass den Strahlen, deren Polarisationsebene die Achse enthält,
die kleinere Ablenkung, also auch die grössere Geschwindigkeit
entspricht, was eben für den positiven Charakter des Quarzes
entscheidet. Es entspricht also im Glase der Polarisationsebene, welche die Zugrichtung enthält, die
grössere Fortpflanzungsgeschwindigkeit.

Man bestimmt die auf 1 ☐Ctm. Stabquerschnitt entfal-
lende Belastung, die Länge des Lichtweges im Glas und die
eingeschaltete Quarzdicke.

Aus dem ersten Versuch mit böhmischem Spiegelglas ergab
sich, dass der Glasstab bei 50 Kilogramm Zug auf 1 ☐Ctm.
Querschnitt 0·00121 des Gangunterschiedes hervorbrachte, den
das Licht die Stabdicke senkrecht zur optischen Achse durchlaufend im Quarz erfahren hätte. Wir wollen kürzer sagen: 50
Kilogramm Zug auf 1 ☐Ctm. Querschnitt erzeugen
0·00121 des Gangunterschiedes in gleich dickem
Quarz.

Eine zweite Versuchsreihe ebenfalls mit böhmischem Spiegelglas will ich ausführlicher mittheilen. Man sieht aus der-

selben zugleich die Proportionalität zwischen Belastung und
Gangunterschjed:

Zug auf 1 Qbrt.-Clm. Stabquerschnitt in Kilogramm.	Zur Compensation eingestellte Quarzdicke in Mm.	Beobachteter Bruchtheil des Gangunterschiedes von gleich dickem Quarz.	Aus der letzten Zahl berechneter Gangunterschied.	Differenz zwischen Beobachtung und Rechnung.
21·5	— 0·01231	— 0·000585	— 0·000576	+ 0·000009
32·3	— 0·01732	— 0·000823	— 0·000864	— 0·000041
43·07	— 0·02340	— 0·001076	— 0·001152	— 0·000076
53·8	— 0·0304	— 0·001440	— angenommen	— 0·000000

Dieser Stab bringt also bei 50 Kilogramm Zug auf 1 ☐Clm.
0·00134 des Gangunterschiedes von. gleich dickem Quarz hervor. Das Mittel der beiden Zahlen beträgt 0·00127.

Vergleichen wir dies Ergebniss mit Neumann's Theorie
und seinen Beobachtungen. Wenn D die Glasdicke und λ die
mittlere Wellenlänge in der Luft, n_a, n_c, die beiden Brechungsexponenten im gedehnten Glase und ν_a, ν_c, die beiden Brechungsexponenten im Quarz in Bezug auf Luft bedeuten, so
gibt $\frac{D}{\lambda}(n_a - n_c)$ die Anzahl Wellenlängen Gangunterschied im
Glase, $\frac{D}{\lambda}(\nu_c - \nu_a)$ hat dieselbe Bedeutung für die gleiche
Quarzdicke. Demnach gibt der Ausdruck

$$\frac{\frac{D}{\lambda}(n_a - n_c)}{\frac{D}{\lambda}(\nu_c - \nu_a)} = \frac{n_c - n_a}{\nu_c - \nu_a}$$

unsere obigen Zahlen.

Nehmen wir die Lichtgeschwindigkeit in der Luft = 1.
Setzen wir, das Glas sei nach der Richtung a um α gedehnt
worden und hiebei werde erfahrungsgemäss $\beta = \gamma = -\frac{\alpha}{4}$, so
verwandelt sich $n_c - n_a$ in $\frac{1}{Ob} - \frac{1}{Oa}$ und der gesammte Ausdruck in

$$\frac{\frac{5}{4}(p - q)\alpha}{G^3}$$

welcher also unsere obige Zahl darstellen muss. Nennen wir
diese Zahl μ, so ist

$$\frac{p-q}{G^1} = \frac{\mu\,(\nu_s - \nu_r)}{\frac{5}{4}\,\alpha}$$

Neumann hat nun $\frac{P-q}{g^1} = 0\cdot126$ bestimmt, indem er an einem gebogenen Glasstreifen die Polarisationsfarbe mit den Newton'schen Farben verglichen und aus der Durchbiegung die Dehnung der betreffenden Glasschichte ermittelt hat. Nehmen wir nun für Natriumlicht nach Rudberg's Bestimmungen $\nu_r - \nu_s = 0\cdot0091$ und berechnen mit Hilfe des Wertheim'schen Elasticitätscoefficienten für Spiegelglas ½ $\alpha = 0\cdot000086$, so erhalten wir für den Ausdruck $\frac{p-q}{G^1}$ mit unserer Zahl μ aus der ersten Beobachtung $0\cdot1279$, aus der zweiten $0\cdot140$ und aus dem Mittel 0.134.

6.

Bei der bisher betrachteten Untersuchungsweise erhält man bloss den Gangunterschied der beiden Lichtcomponenten. Könnte man die Brechungsexponenten oder die Geschwindigkeiten der beiden Componenten, jede für sich, bestimmen, so würde auch für jede der Neumann'schen Constanten p, q der Werth angegeben werden können.

Die Art, wie Neumann die Trennung von p und p bewerkstelligt hat, stimmt im Wesentlichen mit der Fresnel'schen überein und ist sehr einfach. Man denke sich ein Fernrohr, vor dessen Objectiv als Beugungsobject ein Schirm mit 2 Spalten angebracht ist. Wenn man nun vor diesen einen gebogenen Glasstreifen so stellt, dass vor jeder Spalte eine verschieden gedehnte Schichte des Glasstreifens liegt, so erblickt man durch ein doppeltbrechendes Prisma im Fernrohr zwei Beugungsstreifensysteme. Die Bewegung derselben bei fortschreitender Biegung führt zur gesonderten Bestimmung der Aenderungen der Brechungsexponenten beider Lichtcomponenten.

Ich habe ohne Neumann's Verfahren bei Beginn dieser Arbeit zu kennen, ganz ähnliche Versuche in mannigfaltiger Form ausgeführt. Zwei Spiegelglasstreifen *ab* und *cd*, welche durch den Schnitt *cd* aus demselben Stück geschnitten sind, werden ganz leicht, etwa mit einer Spur Luftpumpenfett bei *o* an einander befestigt. Wenn man die Enden *a*, *b* mit Haken

versieht, so kann man *ab* durch Gewichte dehnen, während *cd*
ungedehnt bleibt. Oder man stützt den Streifen bei *ab* und
drückt ihn bei *e* mit einer Schraube. Dadurch
wird *cd* zur Trennungslinie von gedehntem und
ungedehntem Glas. Auf den Schnitt *cd* legt
man nun eine Nadel, deren innere Beugungs-
streifen man untersucht, oder man bringt die
Kante eines Interferenzprisma's davor, oder man
stellt die Gläser vor einen Schirm mit zwei
Dougungsspalten, so dass die eine Spalte durch
gedehntes, die andere durch ungedehntes Glas
erleuchtet wird.

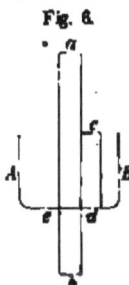

Fig. 6.

Die Erscheinung, die man beim Drücken
oder Belasten wahrnimmt, ist nun folgende.
Die Interferenzstreifen werden erst undeutlich, dann bei stärkerem Druck oder Zug wieder deutlich, dann wieder undeutlich
u. s. f. Es sind nun wegen der Doppelbrechung des einen
Glases zwei Streifensysteme vorhanden, welche sich über einander verschieben und sich daher abwechselnd schwächen und
verstärken.

Zur getrennten Beobachtung der beiden Systeme kann man
wieder verschiedene Mittel anwenden. Erst legte ich in die Brenn-
ebene der Beobachtungsloupe oder des Fernrohrs eine horizontal in zwei Hälften getheilte Turmalinplatte, wobei die optische
Achse der oberen Hälfte horizontal, jene der unteren vertical
stand. Wegen der grösseren Lichtstärke zog ich später die auch
von Neumann angewandte Beobachtung durch ein achromati-
sirtes Kalkspathprisma vor.

Diese Versuche sind mit mancherlei Schwierigkeiten verbunden. Die gewöhnlichen Spiegelgläser sind einmal zu dünn,
um einen beträchtlichen Gangunterschied hervorzubringen. Stellt
man die Gläser aber so, dass das Licht parallel zu der gewöhnlich spiegelnden Fläche hindurchgeht, indem man die Gläser
senkrecht zu letzterer anschleift, so zeigen sich viele sonst un-
bemerkbare, störende Streifen und Schlieren. Es ist mir jedoch
mehrmals gelungen, Stellen an diesen Gläsern zu finden, bei
deren Anwendung die Interferenzerscheinung noch deutlich blieb
und beobachtet werden konnte.

Einige dieser Versuche habe ich wieder nach dem spectralen Verfahren ausgeführt. Die Aufstellung des Apparates

Mach: Untersuchungen.　　　　2

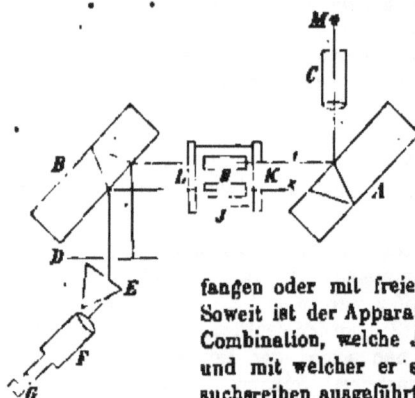

gibt Fig. 7 im Grundriss. Die beiden Jamin'schen Spiegel sind durch AB vorgestellt. Die Lampe M sendet ihr Licht auf A, woselbst es bekanntermassen in zwei Bündel 1, 2 getheilt wird, welche auf B treffen, dann wieder theilweise zusammentreffen und interferiren. Man kann diese Interferenzstreifen mit einem Schirme D auffangen oder mit freiem Auge beobachten. Soweit ist der Apparat ganz die sinnreiche Combination, welche Jamin[1]) ausgedacht und mit welcher er so viele schöne Versuchsreihen ausgeführt hat, unter welchen besonders die Bestimmung der Brechungsexponenten von trockener und feuchter Luft, sowie derjenigen des erwärmten und comprimirten Wassers zu erwähnen ist. Auch die Untersuchungen von Ketteler[2]) über die Dispersion der Gase sind mit diesem Apparat ausgeführt. Der Vortheil' dieses Apparates liegt in der beträchtlichen Entfernung, welche die beiden Lichtbündel 1, 2 von einander einhalten; sie betrug bei meiner Aufstellung 2 Ctm. Man kann nun leicht das eine Lichtbündel total andern Verhältnissen z. B. einer höheren Temperatur aussetzen. Ein blosser Luftzug oder die warme Hand in der Nähe des einen Bündels bringt die Interferenzstreifen schon zum Schwanken, was bei andern Interferenzapparaten, bei welchen die Lichtbündel sehr nahe an einander verlaufen und welche also nicht leicht Luft von sehr verschiedener Temperatur durchlaufen können, nicht möglich ist.

Ich habe nun zu diesem Apparat einige Theile hinzugefügt, die, wie ich später gesehen habe, auch Quincke[3]) schon

Fig. 7.

[1]) Jamin, Ann. de Chim. III. Serie, T. 52.
Comptes rendus T. 42. p. 482, T. 45. p. 692, T. 43. p. 1191.
[2]) Ketteler, Beobachtungen über die Farbenzerstreuung der Gase? Bonn 1866.
[3]) Quincke. Pogg. Ann. Bd. 132.

angewandt hat. Das Spaltenrohr *C* eines Spectralapparates wird zwischen die Lampe und die Platte *A* eingeschaltet. Ein Schirm *D* mit einer Lücke, welche nur einen Bruchtheil eines Interferenzstreifens auf das Prisma *E* fallen lässt und ein Fernrohr *F*, welches das Spectrum des Interferenzlichtes aufnimmt, vervollständigt den Apparat. Durch zwei Schrauben kann man die Platte *B* um eine horizontale und verticale Achse drehen, durch Abweichung von der Parallelstellung zu *A* den beiden Lichtbündeln einen beliebigen Gangunterschied und dem Spectrum eine beliebige Anzahl schöner dunkler Interferenzstreifen beibringen.

Zum Zwecke der oben erwähnten Bestimmungen wurden nun zwei schöne schlierenfreie genau gleich dicke Steinheil'sche Gläser *H* und *J* so gestellt, dass jedes von einem der beiden Lichtbündel durchsetzt wurde. Hiebei befand sich *H* in einer Fresnel'schen Glaspresse, in welcher es von oben nach unten zusammengedrückt werden konnte. Beide Gläser standen ausserdem in einer durch genaue Planparallelplatten *LK* verschlossenen Kapsel, die mit Wasser gefüllt werden konnte. Der Zweck dieses Eintauchens in Wasser ist leicht zu errathen. Das gepresste Glas erleidet eine Verdickung und bringt schon dadurch, auch abgesehen von der Doppelbrechung, einen Gangunterschied hervor. Ohne über diese Verdickung eine Annahme zu machen, kann man dieselbe ermitteln und eliminiren, indem man eine Beobachtung in Luft, eine zweite in Wasser ausführt. Es ist dies ein ähnlicher Kunstgriff, wie ihn Jamin bei seiner Bestimmung des Brechungsexponenten von comprimirtem Wasser angewandt hat. Um die Verlängerung der Röhre zu eliminiren, welche das comprimirte Wasser enthielt, tauchte er beide Röhren in einem offenen Trog mit Wasser, dessen Enden mit Plangläsern gedeckt waren.

Vor dem Ocular des Fernrohres *F* brachte ich noch ein achromatisches Kalkspathprisma *G* mit horizontaler brechender Kante an. Dadurch erschienen zwei Spectra mit Interferenzstreifen, jedes mit einem Fadenkreuz, übereinander. Das obere hatte eine verticale Polarisationsebene, welche also die Druckrichtung enthielt, das untere eine horizontale Polarisationsebene. Beide Streifen wanderten stets in demselben Sinne. Die oberen Streifen wanderten, wenn die Druckschraube in Thätigkeit gesetzt wurde, stets rascher wie die unteren, sowohl wenn die Gläser in Luft, als wenn sie in Wasser eingetaucht waren.

2*

Ich muss hier einer Schwierigkeit erwähnen, welche den
Versuchen in den Weg trat. Mit der Drehung der Druckschraube trat auch eine sehr geringe Drehung der ganzen Presse,
der beiden Gläser und des Wassergefässes ein. Wenn nun die
vom Licht durchsetzten Flächen der beiden über 3 Ctm. dicken
Gläser *HJ* nicht genau parallel standen, so musste dieses Glä-
serpaar wie ein sehr empfindlicher Jamin'scher Compensator
wirken und durch die Drehung eine Streifenverschiebung be-
wirken. Dies geschah auch. Die Spectralstreifen verschoben
sich beträchtlich, wenn man die Presse oder das Wassergefäss,
ohne die Schraube zu fassen, mit der Hand zu drehen versuchte.
Das nicht gepresste Glas wurde deshalb mit Wachs an die
Presse befestigt und so lange an der Stellung desselben corrigirt, wobei natürlich auch die Jamin'schen Spiegel stets nach-
corrigirt werden mussten, bis die Compensatorwirkung unmerklich wurde. Alle Durchbiegungen an meinem Apparate zu vermeiden oder zu bestimmen, hatte aber seine grossen Schwierigkeiten, da derselbe mit Ausnahme der sehr soliden Presse und des
Wassergefässes aus Holz war. Ich musste deshalb auch die Anwendung sehr grosser Pressungen, sowie die Belastung des Glases
durch Gewichte (was sich als noch schlimmer erwies) vermeiden.

Bevor ich die Resultate angebe, sei erwähnt, dass ich eine
Versuchsreihe auch mit der Glascombination Fig. 6 (böhmisches
Spiegelglas) in der Weise ausgeführt habe, dass dieselbe von
einem kleinen mit Plangläsern geschlossenen mit Wasser gefüllten Gefässe *AB* umgeben und dann vor dem Beugungsspal-
tenschirm gebogen wurde.

Die Steinheil'schen Gläser in der Luft gepresst gaben Verschiebungen um eine Anzahl Streifenbreiten, die in der
folgenden Tabelle zusammengestellt sind.

Verschiebung in dem Spec-trum mit verticaler Polarisa-tionsebene.	Gleichzeitige Verschiebung im Spectrum mit horizontaler Polarisationsebene.
2·	1·
2·	1·1
3·	1·5
4·	2·
3·	·1·5
3·5	2·
4·3	2·
Mittel 3·11	1·58

Der Gangunterschied war also für die verticale Polarisationsebene sehr nahe doppelt so gross, wie für die horizontale.

Wurde dieselbe Versuchsreihe mit den in Wasser getauchten Gläsern ausgeführt, so war die Verschiebung für die Polarisationsebene 3·3mal grösser als für die horizontale.

Für die Spiegelgläser war das Verhältniss der Verschiebungen bei dem Beugungsversuch in der Luft sehr genau $= 2$ (wie Fresnel und Neumann schön gefunden haben), im Wasser aber sehr genau $= 3$. Bei allen diesen Versuchen wanderten beide Streifensysteme stets in demselben Sinne.

. Während aus der früheren Versuchsreihe sich der Unterschied der Brechungsexponenten in gedehntem Glase bestimmen liess, sind wir im Stande mit Zuziehung der zweiten Versuchsreihe die Aenderung jedes der beiden Brechungsexponenten durch die Dehnung zu ermitteln. Man sieht zunächst, dass beide Brechungsexponenten bei der Dehnung verkleinert werden, derjenige aber, welcher der Polarisationsebene entspricht, welche die Zugrichtung enthält, mehr wie der andere.

. Nehmen wir einen Zug von 50 Kilogramm auf 1 ☐Ctm. an, so ist der Brechungsexponent des ungedehnten Glases n übergegangen für die verticale (d. i. der Zugrichtung parallele) Polarisationsebene in $n - v$, für die andere Ebene in $s - h$. Die Wellenzahl für die Glasdicke D der ersten Componente beträgt also $\frac{D}{\lambda}(n-v)$, für die zweite $\frac{D}{\lambda}(n-h)$. Der Gangunterschied ist also $\frac{D}{\lambda}(v-h)$, während der Gangunterschied in gleich dickem Quarz $\frac{D}{\lambda}(v_e \overset{\bullet}{-} v_o)$ ist. Die erste Versuchsreihe gibt nun $\frac{v-h}{v_e - v_o} = 0\cdot00127.$

Setzen wir nun in der zweiten Versuchsreihe einen Verticaldruck von 50 Kilogramm auf 1 ☐Ctm. voraus. Das Verhältniss der Streifenverschiebung ist constant, besteht also auch für diesen Fall. Die Dicke des ungedrückten Glases sei D. Jene des gedrückten werde um σD vergrössert. Den Brechungsexponenten des umgebenden Mediums nennen wir n_1. Dann ist die Wellenzahl

Fig. 8.

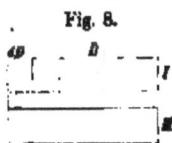

auf dem Wege I $\quad \frac{D}{\lambda} n + \frac{\sigma D}{\lambda} n_{1}$

und für die verticale Polarisationsebene

auf II $\quad \frac{D}{\lambda}(n+v) + \frac{\sigma D}{\lambda} n$

dagegen für die' horizontale Polarisationsebene

auf II $\quad \frac{D}{\lambda}(n+h) + \frac{\sigma D}{\lambda} n$

Der Gangunterschied für die verticale Polarisationsebene beträgt also

$$\frac{D}{\lambda} [v + \sigma (n - n_{i})]$$

und für die horizontale

$$\frac{D}{\lambda} [h + \sigma (n - n_{i})]$$

Ist nun n_{1} der Brechungsexponent des Wassers und 1 der Brechungsexponent der Luft, so erhalten wir:

$$\frac{v + \sigma (n - n_{i})}{h + \sigma (n - n_{i})} = 3 \text{ und}$$

$$\frac{v + \sigma (n - 1)}{h + \sigma (n - 1)} = 2$$

Mit Zuziehung der Gleichung $v - h = x = 0\cdot000011557\cdot$ findet man leicht $\sigma = \frac{x}{2(n_{1} - 1)} = 0\cdot0000170$ und $\frac{\sigma}{\alpha} = 0\cdot2\underline{1}9$, was mit dem von Neumann angenommenen Werthe $0\cdot25$ ziemlich gut stimmt:

Forner ergibt sich $h = x - \sigma (n - 1)$ und $v = 2x - \sigma(n-1)$.

Nimmt man $n = 1\cdot529$, so findet man
$$h = 0\cdot000002564, \quad v = 0\cdot00014121.$$

Wir haben nun die Lichtgeschwindigkeiten für diese Exponenten:

$$\frac{1}{n-v} = \frac{1}{n}\left(1 + \frac{v}{n}\right) = \frac{1}{n} + \frac{v}{n^{2}} = Ca$$

$$\frac{1}{n-h} = \frac{1}{n}\left(1 + \frac{h}{n}\right) = \frac{1}{n} + \frac{h}{n^{2}} = Cb \text{ und}$$

$\frac{\sigma}{\alpha} = \frac{1}{4}$ gesetzt, erhält man mit Hilfe der angeführten Neumann'schen Ausdrücke

$$np = \frac{p}{G} = -\frac{2}{5a}\left(\frac{3h - 2n}{n}\right) = -0\cdot132$$

$$nq = \frac{q}{G} = -\frac{2}{5a}\left(\frac{h+4r}{n}\right) = -0.216,$$

was mit den Neumann'schen Zahlen $\frac{p}{G} = -0.131$ und

$\frac{q}{G} = -0.213$ recht gut stimmt. Bei dieser Vergleichung wurden selbstverständlich nur die Beobachtungen am Spiegelglas berücksichtigt, weil auch Neumann solches verwendet hat. Die Versuche unterscheiden sich von den Neumann'schen durch die Anwendung des spectralen Verfahrens und dann dadurch, dass hiebei zugleich der Werth von $\frac{\sigma}{a}$ controllirt werden konnte.

7.

Es liegt nun der Wunsch nahe p und q (oder v und h) für verschiedene Substanzen zu bestimmen, um zu sehen, in wie weit diese Constanten oder vielleicht ihr Verhältniss von der Natur der Substanz abhängt. Allein. abgesehen davon, dass diese Arbeit sehr viel Zeit in Anspruch nehmen würde, wäre sie nur für solche Körper ausführbar, welche sehr homogen, schlierenfrei und durchsichtig zu erhalten, ausserdem aber gut zu schleifen und zu poliren sind. Die erste Reihe der hier besprochenen Versuche erfordert alle diese Eigenschaften nicht, sie lässt sich im Gegentheil an rauhen nicht sehr eben begrenzten und nur durchscheinenden Körpern mit genügender Präcision durchführen. Die zweite Reihe gehört jedoch zu den feineren Interferenzversuchen, die nur unter den angegebenen günstigen Umständen ausgeführt werden können.

Obgleich nun schon Wertheim auf Grund einiger Versuche behauptet hat, dass die Grösse der Doppelbrechung durch Druck in keiner Beziehung steht zu dem ursprünglichen Brechungsexponenten der Substanz; so schien es mir doch interessant, mich an einem Beispiel wenigstens hievon zu überzeugen. Ich wählte als zweite Versuchssubstanz frisch erstarrten reinen Leim. Schon Brewster hat mit Leim (calves feet jelly) und Hausenblase (isinglass) experimentirt. Der Leim in Parallelepipede gegossen zeigt nun unter dem leichten Druck des Fingers Doppelbrechungserscheinungen, welche man bei Glas nur unter Anwendung von Centnerlasten erhält. Man kann in einem solchen Leimparallelepiped bei einiger Uebung mit den blossen Fingern im Polarisationsapparat Ringsysteme hervorbringen, die jenen der

einachsigen und zweiachsigen Medien sehr ähnlich sind. Untersucht man den Leim spectral, so wandern bei leichtem Fingerdruck ganze Reihen von dunklen Interferenzstreifen über das
Spectrum und kehren beim Nachlassen des Druckes wieder
zurück. Die Doppelbrechung des Leims ist also bei gleichen
Druckverhältnissen mit jener des Glases verglichen, eine sehr
starke. Anders ist es aber, wenn man die Doppelbrechung bei
gleicher Dehnung mit jener des Glases vergleicht.

An einer durch Biegung doppeltbrechenden dickeren Glas-
stange ist die Biegung nicht mit dem blossen Auge bemerkbar.
Soll aber eine Leimstange von denselben Dimensionen dieselben
Polarisationsfarben zeigen wie Glas, so muss sie sehr merklich und
bedeutend gebogen werden. Wenn man auf einen Glasstab ab
Fig. 9 einen zweiten kürzeren gleich dicken cd auf-
kittet und ab im Polarisationsapparat biegt, so zeigen
ab und cd dieselben Farben gerade so, als ob sie
unabhängig von einander die gleiche Biegung erlitten
hätten. Ersetzt man nun cd durch einen Leimstab
von gleichen Dimensionen, den man auf ab auf-
giesst, so dass er fest geklebt bleibt, so sieht man
beim Biegen von ab bloss an ab Farben, an cd
aber tritt gar keine merkliche Doppelbrechung auf.
Bei gleicher Biegung verschwindet also die Doppelbrechung des Leims gegen jene des Glases.

Man kann die Combination von Glas und Leim Fig. 9.
auch benützen, um den Brechungsexponenten des angewandten
Leims zu schätzen. Sieht man nämlich durch ab und cd unter
45° auf einen recht breiten Maassstab durch, dessen Theilstriche
senkrecht gegen ab laufen, so verschieben sich die durchgesehenen
Theilstriche gegen die direct gesehenen. Die Verschiebung
ist eine geringere für die durch Leim als für die durch gleich
dickes Glas gesehenen Striche. Aus den im Maasstab abgelesenen
Verschiebungen ergab sich, dass der Brechungsexponent des
angewandten Leims 1.37 zu setzen war, wenn jener des Glases
1.50 angenommen wurde. Obgleich also die Brechungsexponenten
von Leim und Glas mit einander vergleichbar sind, einander
nahe kommen, bleibt doch die Doppelbrechung des Leims gegen
jene des Glases bei gleicher Biegung unmerklich, was zu der
Annahme zwingt, dass $p-q$ im Glase einen sehr viel grössern

Werth hat, als im Leim. Ob $\frac{p}{q}$ für verschiedene Körper gleich

Fig. 9.

ist, habe ich noch nicht untersucht. Leim ist hier kein passendes Object.
Eine Trennung von *p* und *q* ist, wie gesagt, nur an sehr homogenen Körpern möglich. Ich habe solche Bestimmungen bei Krystallen, zunächst bei Quarz begonnen, die jedoch noch nicht beendigt sind. Die Doppelbrechung des Quarzes durch Druck ist von derselben Art wie jene des Glases. Sehr merkwürdige Erscheinungen zeigen sich, wenn man den Quarz in der Richtung der optischen Achse prüft, während er senkrecht auf diese Richtung gedrückt wird. Alles dies kann erst Gegenstand eines späteren Berichtes sein.

Die Doppelbrechung durch Druck bei halbflüssigen (plastischen) Körpern.

1.

Wenn die Bewegungen der kleinsten Theilchen in einer Luft- oder Wasserpfeife genau so vor sich gehen würden, wie in einem longitudinal schwingenden Stab aus festem Material, so müsste man nothwendig auch bei tönenden Gas- und Flüssigkeitssäulen Doppelbrechungserscheinungen erwarten. Solche zeigen sich aber selbst mit feinern Untersuchungsmitteln und unter scheinbar günstigen Umständen weder an tönenden Gasen noch an tönenden Flüssigkeiten. Auch einseitige Erschütterungen durch den electrischen Funken geben nur ein negatives Resultat.

Der Grund dieses so verschiedenen Verhaltens der festen und flüssigen Körper liegt offenbar in der leichten Verschiebbarkeit der Theilchen der letzteren und in dem damit verbundenen Princip der Druckgleichheit nach allen Richtungen. Wenn nun die absolut leichte Verschiebbarkeit nur eine ideale Voraussetzung ist, so wird auch das Princip der Druckgleichheit keine unbeschränkte Geltung haben. In der That hat schon Poisson[1] in seiner Aufstellung der Gleichgewichts- und Be-

---

[1] Poisson, sur les équations générales de l'équilibre et du mouvement des corps solides élastiques et des fluides. Journal de l'école polytechnique Cahier 20. T. 13. p. 1. p. 139.

wegungsgleichungen auf Grund der atomischen Theorie die Ansicht ausgesprochen, dass bei bewegten Flüssigkeiten das Princip der Druckgleichheit nicht in voller Strenge gelten müsse. Theilt man auch nicht die Poisson'schen Grund-ansichten, so ist letzterer Satz doch wahrscheinlich. Die innere Reibung und damit die Verschiebbarkeit der Theilchen ist eine Function der Geschwindigkeit. Langsame Verschiebungen werden vielleicht mit einer so geringen Reibungsarbeit ausgeführt, dass man letzteres ignoriren kann, während dies bei den durch grössere Kräfte ausgeführten raschen Verschiebungen nicht mehr der Fall ist. Mit der absoluten Verschiebbarkeit fällt aber die absolute Druckgleichheit.

Nimmt man die Clausius'sche Gastheorie auch nicht buchstäblich, so gibt man doch gern zu, dass sie ein Bild ist, welches in vieler Beziehung zu unseren Erfahrungen passt und demnach wahrscheinlich zu manchen künftigen noch passen wird. Stellt man sich nun die grosse mittlere Moleculargeschwindigkeit vor, welche nach dieser Theorie den Theilchen des Gases zukommt, so kann ein geringer Geschwindigkeits-überschuss, der einer Moleculschichte ertheilt wird, keine merkliche einseitige Verdichtung zur Folge haben. Diese einseitige Verdichtung und damit die Aufhebung des Princips der Druck-gleichheit kann erst bei Geschwindigkeitsüberschüssen eintreten, welche mit der mittlern Moleculargeschwindigkeit vergleichbar sind. Solche Geschwindigkeiten können nur durch sehr grosse Kräfte in genügend kurzer Zeit hervorgebracht werden. Man kann sie nicht erzeugen auf akustischem Wege. Meine bisherigen Versuche, sie durch Wärme und Electricität hervorzubringen, sind bis jetzt ebenfalls erfolglos geblieben.

Denken wir uns eine offene Pfeife von der Länge der Schallgeschwindigkeit. Dieselbe führt eine Schwingung in zwei Secunden aus. In der ersten Secunde findet eine Verdichtung, in der zweiten eine Verdünnung im Knoten statt u. s. w. Niemand wird hier Doppelbrechung der Luft erwarten, ebenso als man sie im Luftpumpenstiefel nicht erwartet. Denn die Molecüle haben vieltausendmal ihre Plätze in der unregelmässigsten Weise gewechselt, bevor sie nur ein kleines Element der ihnen äusserlich aufgedrungenen Bewegung zurückgelegt haben. Könnten wir die Bewegungen der Molecüle sehen, so würde uns die Schallbewegung gar nicht auffallen; sie wäre so verschwindend gegen die übrige Bewegung, dass wir sie nur durch das Auge ·

der Molecularstatistik wahrnehmen könnten. Die Schallbewegung ist nur en gros da und geht gar nicht ins Detail, ebenso wie die Gesetzmässigkeit in den willkürlichen Handlungen der Menschen.

Nun kann man sich aber vorstellen, dass die Schwingungszahlen immer grösser, die Excursionen auch immer grösser werden. Und wenn sich die Akustik überhaupt so weit fortsetzen lässt ohne wesentliche Abänderung ihrer Gesetze (was sich ja mit der Zeit aus der Theorie der Gase ergeben wird), so muss man dahin kommen, dass die Schallbewegung nicht mehr gegen die Molecularbewegung verschwindet und dass Doppelbrechung auftritt.

2.

Praktisch am leichtesten muss sich die Doppelbrechung durch einseitigen Druck noch herstellen lassen bei halbflüssigen (plastischen) Körpern d. h. bei solchen, welche ihrem Verhalten nach zwischen festen und flüssigen Körpern in der Mitte stehen. Ein anscheinend ganz festes Stück Canadabalsam zerfliesst in einigen Tagen auf dem Tisch und legt sich fast an. Wir haben da einen Körper vor uns, welchem für langsame Verschiebungen eine grosse Verschiebbarkeit der Theilchen zukommt. Fasst man dasselbe Stück rasch an, so bricht es wie Glas mit muscheligem Bruch. Nichts steht der Annahme im Wege, dass im Canadabalsam die Theilchen fortwährend in Bewegung sind, fortwährend ihre Plätze wechseln, dass er eine Flüssigkeit mit sehr geringer Moleculargeschwindigkeit, sehr grosser innerer Reibung ist. — Sagen wir kurz: Bei plastischen Massen ist die moleculare Ausgleichsgeschwindigkeit klein, bei Flüssigkeiten gross.

Solche plastische Massen werden sich nun für sehr geringe Druckkräfte wie Flüssigkeiten, für grosse Druckkräfte aber, welche mit ihren Molecularvorgängen vergleichbare Aenderungen hervorbringen, wie feste Körper verhalten. Die Versuche, welche ich mit dickflüssigen und plastischen Substanzen angestellt habe, bestätigen diese Vermuthung vollständig und geben zugleich den vorausgegangenen theoretischen Betrachtungen ihre Stütze.

Uebergehen wir zu den Versuchen. Wenn man einen festen Glasstab biegt, so zeigt sich die Doppelbrechung, welche so lange unverändert bleibt, als man die Biegung constant hält. Geschmolzenes Glas verhält sich anders. Man kann einen Glasstab ober dem Bunsen'schen Brenner weich schmelzen und dann rasch zwischen die gekreuzten Nicols bringen. Biegt

28

man ihn sehr. langsam, so bleibt er isotrop. Biegt man ihn rasch, so blitzt seine Doppelbrechung hell auf, desto. stärker, je rascher die Biegung vorgenommen wird. Diese Doppelbrechung hält aber nicht an, wenn die Biegung anhält. Sie verschwindet vielmehr rasch nach vollendeter Biegung.

Die Interpretation der Erscheinung wäre folgende. ' Das geschmolzene Glas ist eine plastische flickflüssige Masse mit geringer molecularer Ausgleichsgeschwindigkeit. Die 'Geschwindigkeiten, welche den Molecülen bei der Biegung von Aussen aufgedrängt werden, können leicht so gross werden, dass sie die moleculare Ausgleichsgeschwindigkeit überholen und eine ungleichförmige Anordnung der Molecule hervorbringen. Hört die äussere Einwirkung auf, so bleiben die Molecularbewegungen allein übrig, welche nach dem Gesetz der grossen Zahlen rasch wieder eine merklich gleichmässige Anordnung der Theile zu Stande bringen. Man ' kann also am geschmolzenen Glase die Vorgänge mit den Augen verfolgen, welche man an vollkommenen Flüssigkeiten nur vermuthen kann, welche vorläufig an solchen noch nicht praktisch hergestellt werden können, und welche wegen der grossen 'Moleculargeschwindigkeit bei unsern gewöhnlichen Mitteln gar keine Zeit haben, zu Stande zu kommen.

Die Erscheinungen der elastischen Nachwirkung machen es andererseits wahrscheinlich, dass auch bei festen Körpern ein sehr langsamer molecularer Ausgleich stattfindet. Ein fester durchsichtiger gebogener Körper würde also im Laufe einer sehr langen Zeit wohl ein allmäliges Abnehmen der Doppelbrechung ' bei unveränderter Biegung wahrnehmen lassen.

Geschmolzenes Colophonium verhält sich ganz wie geschmolzenes Glas. Eine Stange von sehr reinem Colophonium kann man durch wiederholtes Eintauchen in heisses Wasser zu dem Versuche tauglich erhalten. Doch muss man sich hiebei immer sehr beeilen. Das Temperaturintervall, in welchem Colophonium die Erscheinung zeigt, ist viel kleiner als bei Glas und daher der Versuch unbequem.

3.

Man koche Phosphorsäure von Syrupconsistenz [1]) recht dick ein und giesse sie noch heiss' in ein kurzes Stückchen Kautschukröhre, welches man an beiden Enden mit ' einem Glasplättchen

---

[1]) Es 'war dies Metaphosphorsäure, die Herr Prof. Glatl wiederholt rein für mich darzustellen die. Güte hatte.

verschliesst. Bringt man dann die erkaltete Masse zwischen die gekreuzten Nicols, indem man durch die beiden Glasplatten hindurchsieht und drückt die Kautschukröhre mit den Fingern rasch zusammen in einer Richtung, welche gegen die Schwingungsebene der beiden Nicols um 45° geneigt ist; so sieht man sofort die Aufhellung des Gesichtsfeldes. Bei dem Nachlassen des Drucks behält die Phosphorsäure ihre Form bei, verliert aber rasch-ihre Doppelbrechung, was also nur durch einen molecularen Ausgleich geschehen kann.

Wir legen nun zwischen die gekreuzten Nicols noch ein Gypsblättchen, welches das Newton'sche Gelb dritter Ordnung zeigt. Wenn nun ein Glaswürfel ober diesem Gypsblättchen in einer gewissen Richtung zwischen den Fingern gedrückt roth erscheint, so zeigt sich die Phosphorsäure in derselben Richtung gedrückt grün. Da wir nun wissen, dass gedrücktes Glas optisch negativ wird, so folgt daraus, dass die Phosphorsäure durch Druck positiv wird.

Man kann das Experiment variiren und erhält immer denselben Erfolg. Drückt man die Phosphorsäure senkrecht zu der vorher erwähnten Richtung, so erscheint sie roth, wie zuvor das Glas. Fasst man die Phosphorsäure statt in die Kautschukröhre zwischen zwei etwas dickere Glasplättchen, so sieht man beim Gegeneinanderdrücken der Gläser dieselben roth, während die Phosphorsäure grün wird oder umgekehrt. Es kann kein Zweifel darüber bestehen, dass die Phosphorsäure sich umgekehrt verhält wie Glas.

Wenn man nun dieselbe Phosphorsäure in den glasigen Zustand überführt, so dass sie sich nun nicht mehr als plastisch, sondern als ein fester und elastischer Körper verhält, so erfahren auch ihre optischen Eigenschaften Veränderungen. Die feste glasige Phosphorsäure, in Form von Stangen und Parallelepipeden bei Druck im Polarisationsapparat untersucht, zeigt sich wie Glas bei Druck negativ, bei Zug positiv.

Da nun die Phosphorsäure zwischen der Glas- und Syrupconsistenz alle Zwischenzustände annehmen kann, so würde aus der Umkehrung ihres optischen Verhaltens beim Uebergang aus der Glas- in die Syrupconsistenz die Vermuthung folgen, dass dieselbe in irgend einem Zwischenzustande für Druck optisch ganz unempfindlich ist. Wenn auch diese Folgerung sonderbar und wenn es mir auch nicht gelungen ist, diesen Zwischenzustand herzustellen, so muss ich doch nach vielfacher und gewissenhafter Prüfung die beiden Thatsachen bezüglich des Verhaltens im glasigen und syrupartigen Zustand festhalten.

4.

Mein nächster Gedanke war nun, dass sich vielleicht alle plastischen Massen bei Druck positiv, bei Zug negativ verhalten. Die Bestätigung oder Widerlegung dieser Ansicht hätte sehr viel Mühe und Zeit kosten können. Zum Glück zeigte gleich die nächste Substanz, auf welche ich verfiel, der Canadabalsam wieder ein umgekehrtes Verhalten.

Canadabalsam zeigt bei der Deformation durch den Fingerdruck im Polarisationsapparat starke Doppelbrechung. Die Stärke dieser Doppelbrechung wächst auch mit der Geschwindigkeit der Deformation. Sie verschwindet wie bei den andern plastischen Massen sehr rasch nach beendigter Deformation.

Ueber das Zeichen der Doppelbrechung kann man aber hier nicht so einfach wie bei der Phosphorsäure durch Einschaltung eines gefärbten Gypsblättchens entscheiden. Die starke Färbung des Canadabalsams ist nämlich dieser Art der Untersuchung sehr hinderlich. Ich sah mich daher genöthigt, zu diesem Zwecke ein anderes und zwar ein spectrales Verfahren einzuschlagen.

Da es zunächst nur darauf ankam, ohne quantitative Bestimmungen zu machen, das optische Zeichen mehrerer Substanzen schnell zu bestimmen, so stellte ich mir eine sehr einfache Combination des Polarisations- und Spectralapparates her. Auf den Objecttisch eines Nörrnberg-Steeg'schen Polarisationsapparates wurde nach Hinwegschaffung aller Linsen ein Gypsblättchen G gelegt und auf die lebhafteste Färbung eingestellt. Dasselbe war durch ein schwarzes Papier gedeckt, in dem eine Spalte unter 45° gegen die Polarisationsebene des oberen Nicols N und die dagegen senkrechte Polarisationsebene des Spiegels S angebracht ist. Ober dem Nicol befindet sich ein kleines Prisma P, mit zur Spalte paralleler brechender Kante, durch welches man durch das Nicol auf die Spalte sieht und letztere in ein Spectrum

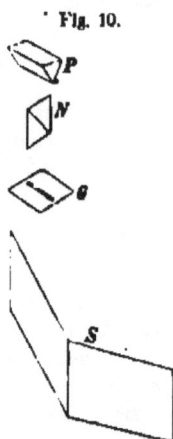

Fig. 10.

mit dunklen, vom Gyps herrührenden Interferenzstreifen auflöst. Ein isotroper Körper, unter die Spalte gebracht, zeigt keine Aenderung der Streifen. Drückt man aber letzteren Körper parallel oder senkrecht zur Spalte, so tritt eine Streifenverschiebung ein. Ein Glasstab, den man quer unter die Spalte legt und dann biegt, zeigt ein Umlegen der Streifen im Spectrum. Die Streifen bleiben für die neutrale Schicht unverschoben. Zu beiden Seiten der neutralen Schichte bewegen sie sich entgegengesetzt und zwar desto stärker, je grösser die Entfernung der betreffenden Stellen von der erwähnten Schicht ist. Da man nun weiss, dass der gebogene Glasstab auf der gedehnten Seite positiv, auf der gedrückten negativ ist und dass die optischen Achsen der Längsachse des Stabes parallel sind, so kann man leicht aus der Streifenverschiebung, welche ein an die Stelle des Stabes gesetzter und in der Richtung der Stabachse zusammengedrückter Körper hervorbringt, abnehmen, ob er optisch positiv oder negativ sei.

Die Farbe des untersuchten Körpers ist nun der Beobachtung nicht mehr hinderlich, da man durch Wahl des Gypsblättchens den Streifen immer an eine nicht absorbirte Stelle des Spectrums bringen kann. Gedrückter Canadabalsam verschiebt nun die Streifen in demselben Sinne, wie in gleicher Richtung gedrücktes Glas, Phosphorsäure hingegen in entgegengesetztem Sinne. Canadabalsam wird also bei Druck negativ wie Glas, Phosphorsäure positiv.

Der beschriebene Apparat ist für vorläufige Versuche sehr angenehm, weil wegen der compendiösen Form desselben eine Person zugleich operiren und beobachten kann. Er lässt sich auch noch zu vielen andern Versuchen verwenden. Recht hübsch ist z. B. die Krümmung der Spectralstreifen an einem quer über die Spalte gehaltenen erhitzten Glasstab. Es braucht wohl kaum erwähnt zu werden, dass der Apparat mit mehreren Schirmen zur Abhaltung des überflüssigen Lichtes versehen war.

5.

Bei dem angegebenen Verfahren, wobei die untersuchten Körper bloss zwischen den Fingern gedrückt wurden, war die Streifenverschiebung wohl merklich und deutlich, aber nicht gross. Es schien mir desshalb wünschenswerth, noch eine andere Versuchsreihe mit Anwendung stärkerer Druckkräfte auszuführen. Hiezu wurde eine kleine hölzerne Schraubenpresse verwendet. In einen Rahmen *AA* kann ein gut eingepasstes Holzstück *BB*, welches im Aufriss in α, im Grundriss in β dargestellt ist, eingeschoben werden.

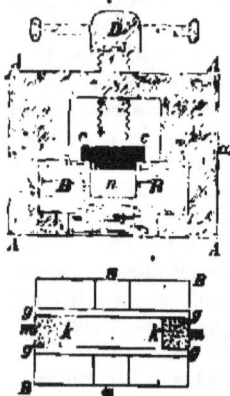

Fig. 11.

Dieses Holz ist mit einem kreuzförmigen Falz *mm nn* versehen. An die Wände des Falzes *mm* werden Glasplatten *gg* gelegt und durch eingelegte Korke *kk* festgeklemmt.

Die Glasplatten und Korke bilden nun einen Trog, in welchen man die Phosphorsäure oder den Canadabalsam heiss eingiessen kann. Zu diesem Ende werden zwischen *kk* noch andere Korke eingesetzt und nach dem Erkalten der Substanz wieder herausgezogen, so dass letztere nicht bis an die Korke *kk* reicht und dem Druck von oben nach der Seite ausweichen kann.

Man legt nun den Holzstempel *CC* auf die Masse im Trog, schiebt das Stück *BB* in den Rahmen ein und applicirt die Schraube *D*. In der Richtung *nn* kann man durch den Falz, die eingelegten Gläser, und die eingegossene Substanz hindurchsehen.

Die beschriebene Presse wird nun mit einem gut orientirten Gypsblättchen zwischen zwei gekreuzte Nicols eingeschaltet und vor dem Spalt eines Spectralapparates so angebracht, dass das Licht der Lampe nur durch die Nicols, den Gyps und die zu pressende Substanz in den Spalt gelangen kann.

Bei der angewandten Orientirung des Gypsblättchens ging der einzige im Spectrum vorhandene Streifen aus dem Grün gegen das rothe Ende des Spectrums, wenn in die Presse ein Glaswürfel eingelegt und von oben nach unten gedrückt wurde. Canadabalsam, an die Stelle des Glases gesetzt, trieb bei der Pressung den Streifen über das rothe Ende hinaus, während neue Streifen von der violetten Seite eintraten und ebenfalls sich nach dem rothen Ende bewegten. Canadabalsam wurde also wie Glas bei Druck negativ, nur war die Doppelbrechung stärker. Phosphorsäure brachte eine viel schwächere Streifenverschiebung hervor. Die Verschiebung des Streifens fand aber jetzt gegen das violette Ende statt, also umgekehrt wie bei Glas.

Die Streifenverschiebung zeigt sich an Phosphorsäure nur bei Anwendung viel rapiderer Deformationen und immer schwächer wie bei Canadabalsam. Die Streifen kehren auch bei Beendigung der Deformation so rasch an ihre alte Stelle zurück, dass man diese Rückkehr nur schwer beobachten kann. Bei Canadabalsam ist es anders. Die Streifen kehren zunächst sehr schnell zurück; ihre Geschwindigkeit nimmt aber zusehends ab, je mehr sie sich ihrer ursprünglichen Lage nähern. Der letzte Rest der Verschiebung verschwindet erst nach einigen Secunden, während schon nach einer halben Secunde die Streifen ihren alten Ort fast erreicht haben. Messungen hierüber habe ich noch nicht anstellen können, doch macht die Erscheinung den Eindruck, als ob die Entfernung der Streifen von ihrer Gleichgewichtslage durch ae^{-kt} darstellbar wäre, wobei a, b Constante, und t die Zeit bedeutet, welche von dem Momente an gezählt wird, wo die Deformation aufhört. In der That müsste man ein solches Gesetz erwarten, wenn hier ein molecularer Ausgleich nach dem Gesetz der grossen Zahlen stattfindet.

6.

Aus den beschriebenen Erscheinungen geht deutlich hervor, dass die moleculare Ausgleichsgeschwindigkeit bei der Phosphorsäure sehr viel grösser ist, als bei Canadabalsam. Es scheint mir nicht unmöglich, sich ein Mass dieser Ausgleichsgeschwindigkeit zu verschaffen, indem man die Substanzen etwa unter constantem Druck mit constanter Geschwindigkeit ausströmen lässt oder sie zu akustischen Schwingungen zwingt. Die Doppelbrechung wird erst bei gewissen Druck- und Geschwindigkeitsgrössen, bei gewissen Schwingungszahlen und Excursionen bemerkbar werden. Jene Geschwindigkeiten fangen aber dann an, mit der Moleculargeschwindigkeit vergleichbar zu werden. Hiemit wäre aber für jeden Körper eine neue Charakteristik gegeben.

Bei etwas mehr dünnflüssigen Substanzen habe ich bisher noch keine Doppelbrechung zu Stande gebracht. Dicke Zuckerlösung, Oel, etwas dünnerer Canadabalsam zum Tönen gezwungen oder durch die elektrische Entladung erschüttert, gab kein merkbares Resultat. Die Moleculargeschwindigkeit scheint bei diesen Körpern schon sehr gross zu sein.

Noch ein Schluss lässt sich aus unseren Versuchen ziehen.

Man hat sich mit Vorliebe vorgestellt, dass die Drehung der
Polarisationsebene im Molecül, die Doppelbrechung aber in der
Lagerung der Molecüle ihren Grund habe, weil erstere in die
Lösung übergehen, letztere durch Druck hervorgebracht werden
kann. Wenn nun ein Körper durch Druck positiv, der andere
negativ wird, so möchte dies jener Vorstellungsweise nicht
günstig sein.

Die spectrale Untersuchung eines longitudinal tönenden Glasstabes.

1.

Biot[1]) hat zuerst bemerkt, dass ein longitudinal tönender
Glasstab, zwischen die gekreuzten Nicols gebracht, Doppelbrechung zeigt und Kundt[2]) hat nachgewiesen, dass diese
Doppelbrechung eine periodische sei und am stärksten im Knoten
des tönenden Stabes auftrete, wo die Dichtenvariationen am
bedeutendsten sind. Kundt hat nämlich das Licht, welches
den zwischen die gekreuzten Nicol's eingeschalteten tönenden
Stab durchsetzt hat, mit Hilfe des rotirenden Spiegels in ein
perlschnurförmiges durch zahlreiche dunkle Zwischenräume un-
terbrochenes Lichtband aufgelöst und dadurch die Periodicität
der Doppelbrechung sichtbar gemacht. Die Theile des tönenden
Stabes bewegen sich abwechselnd gegen den Knoten hin und
von demselben weg, wobei also abwechselnd eine Contraction
und Dilatation in der Richtung der Längsachse des Stabes eintritt, welche im Knoten selbst ihr Maximum erreicht. Der Stab
muss also, nach dem, was man über die Doppelbrechung des
Glases durch Druck weiss, bei Tönen optisch einachsig werden,
wobei die optische Achse der Längenrichtung des Stabes parallel
ist, und zwar wird er bei der Contraction optisch negativ, bei
der Dilatation optisch positiv.

Man sieht in dem Kundt'schen Lichtband selten mehr
als eine Abwechselung von hellen und dunklen Stellen. Die
Stäbe, mit welchen man experimentirt, sind meist von zu geringer

---

[1]) Biot, Ann. de Chim. (1820) T. 13. p. 151.
[2]) Kundt. Pogg. Ann. (1864) Bd. 123. p. 541. Ein Auszug befindet sich
bei Pisko, die neueren Apparate der Akustik. p. 259.

Dicke, um in dem Lichtbande die Newton'schen Farben auftreten zu lassen.

Das Experiment lässt sich aber sehr leicht variiren. Schaltet man mit dem Stabe zugleich zwischen die gekreuzten Nicols
ein passend orientirtes lebhaft gefärbtes Gypsblättchen ein, so
setzt man zwischen den beiden Lichtcomponenten einen bestimmten Gangunterschied, welcher beim Tönen des Glases nur
periodisch verändert wird. Mit diesem Gangunterschied ändert
sich nun auch die Farbe des durchtretenden Lichtes. Löst man
nun das Licht des tönenden Stabes mit dem rotirenden Spiegel
auf, so erhält man ein buntes Lichtband. Die Zahl der in
diesem Bande auftretenden Farben wächst mit der Dicke des
Glasstabes und mit der Intensität des Tönens.

2.

Die periodische Aenderung der Farbe muss nun wieder
mit periodischen Verschiebungen dunkler Streifen im Spectrum
des betreffenden Lichtes zusammenhängen. Hat man den Versuch einmal in der angegebenen Weise modificirt, so verfällt
man nothwendig auf die spectrale Untersuchung des tönenden
Stabes, welche vor der andern den Vorzug hat, dass sie quantitative Bestimmungen zulässt.

Das spectrale Verfahren ist in der That auch sehr viel
vortheilhafter, wie die andern bisher angewandten Methoden.
Wertheim hat an das freie Ende des Stabes eine Borste befestigt und diese auf einer berussten Platte schreiben lassen.
Abgesehen davon, dass sich hiebei der Einfluss der Borste
geltend macht und die Interpretation der Versuche dadurch
zweifelhaft wird, fallen die Curven, wegen der geringen Excursionen des Stabes, meist zu klein aus, um eine quantitative Ver-
werthung zuzulassen.

Ich selbst habe das eine Stabende mit Tusche geschwärzt.
In diesem Ueberzug entstehen beim Trocknen mikroskopische
Risse. Steht der Tuschfleck in dem Brennpunkt einer grossen
von directem Sonnenlicht beleuchteten Linse, so dringt genug
Licht durch diese kleine Risse, um mit Hilfe eines Mikroskop-
objectivs ein helles Bildchen derselben auf einem Schirm zu
entwerfen. Tönt nun der Stab und bewegt man gleichzeitig
senkrecht zur Schwingungsrichtung das Objectiv, so erhält man
die betreffenden Schwingungscurven auf dem Schirm. Wegen

3*

ihrer Flüchtigkeit eignen sich diese Curven mehr zur Demonstration als zum Studium der Erscheinung. Man erhält sie auch schwer in genügender Grösse und nur bei sehr intensivem Licht.

Die spectrale Untersuchung gelingt hingegen sehr leicht und kann beim Licht einer Petroleumlampe ausgeführt werden. Die Aufstellung des Apparates ist folgende. Die Lampe L sendet

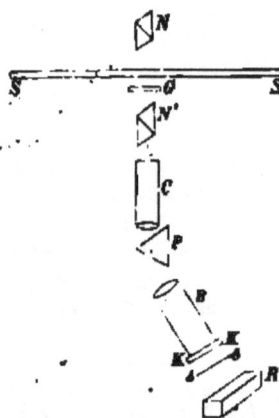

ihr Licht durch das Nikol N, den Knoten des Stabes SS, die eingeschaltete Gypsplatte G, und das zweite Nicol N' in das Spaltrohr C, das Prisma P und das Beobachtungsrohr B des Spectralapparates. Das Ocular des letzteren ist entfernt. Das Spectrum wird auf einer matten Glastafel aufgefangen oder durch eine statt des Oculars eingesetzte Cylinderlinse KK, deren Achse der Dispersionsrichtung parallel ist, zu einer Linie $\sigma\sigma$ zusammengezogen. Im letzteren Falle wird diese Linie $\sigma\sigma$ im rotirenden Spiegel R, dessen Achse wieder der Dispersionsrichtung parallel ist, betrachtet. Die Nicols N, N' sind gekreuzt und ihre Schwingungsebenen sind gegen die horizontale Längsachse des Stabes um $45°$ geneigt. Der Gyps wird am besten so gewählt, dass 2—3 dunkle Streifen im Spectrum erscheinen, von welchen einer in den hellsten Theil zwischen Gelb und Grün fällt. Dann ist die Bewegung der Streifen weder zu gross noch zu klein und kann auf dem hellen Grunde gut beobachtet werden. Der Stab und die Nicols wurden wieder aus dem schon bekannten Grunde vor den Spectralapparat gesetzt.

Die dunkeln Spectralstreifen werden verwaschen, sobald das Tönen des mit einem nassen Tuchlappen gestrichenen Stabes beginnt, und sie verschwinden bei stärkerem Tönen ganz, was schon auf ein Schwingen derselben schliessen lässt. Man kann diese Schwingen der Spectralstreifen direct wahrnehmen.

Fig. 13.

Betrachtet man das durch die Cylinderlinse entworfene lineare Spectrum im rotirenden Spiegel, so wird jede Spectralfarbe senkrecht zur Dispersionsrichtung in einen Faden ausgezogen. Die dunklen Punkte des linearen Spectrums aber, welche den schwarzen Spectralstreifen entsprechen, erscheinen in Zickzackcurven ausgezogen. Auf die Form dieser Curven, an welchen sich die Schwingungsweise des Stabes ermitteln lässt, kommen wir nochmals zurück.

3.

Das Ueberraschende bei diesen Versuchen ist nun zunächst die sehr bedeutende Verschiebung der Spectralstreifen beim Tönen, die ich nicht erwartet hatte, nachdem ich gesehen, wie geringe Verschiebungen durch sehr bedeutende Belastungen des Glases selbst unter günstigen Umständen eintreten. Es lässt dies auf sehr bedeutende Druckvariationen im tönenden Glas schliessen, deren Grösse man, wie folgt, leicht bestimmen kann.

Die Streifenverschiebung ist proportional dem Druck oder Zug auf 1 ⃞Cm. Querschnitt und proportional der vom Licht durchsetzten Glasdicke. Aus den zuvor beschriebenen Versuchen ergiebt sich nun die Streifenverschiebung für eine bestimmte Glasdicke und für einen bestimmten Druck. Man kann also aus der beim tönenden Glase bestimmten Streifenverschiebung und der gemessenen Glasdicke die im Stabe vorkommenden Druckvariationen berechnen. Ich entwarf das lineare Spectrum auf einer matten Glastafel, an welcher zwei das Spectrum senkrecht durchschneidende schwarze Fäden gespannt waren, die also auch dunkle aber ruhende Punkte im Spectrum erzeugten. Erregte man den Stab und betrachtete das Spectrum im rotirenden Spiegel, so enthielt dieses ausser den Zacken zwei gerade schwarze Linien, welche von den Fäden herrührten. Die Fäden konnten nun so geschoben werden, dass sie eine Zickzackcurve gerade berührten, zwischen sich einschlossen. Die Distanz der Fäden gab nun die Weite der Streifenverschiebung. Nun schaltete ich den Quarzcompensator zwischen die Nicols ein und las die Quarzdicke ab, welche dieselbe Streifenverschiebung hervorbrachte. Damit waren alle Elemente zur Berechnung der Druckvariationen gegeben.

Bei mässig starkem Tönen betrugen nun die Druckvariationen + 150 bis + 180 Kilogramm auf 1⃞ Ctm. Querschnitt,

sie sind also bedeutender als man sich in der Regel vorstellen
wird. Diese gewaltigen Druckschwankungen, welche ja bei
stärkerem Tönen noch viel grösser werden müssen, erklären es
nun, wenn ein Stab durch das blosse Tönen zerreisst. Das
Zerreissen tritt aber bei einiger Schonung des Stabes erst nach
sehr langem Gebrauche ein. Merkwürdig ist, dass meine durch
Gewichte belasteten Glasstäbe oft schon durch einen viel gerin-
geren Zug (z. B. 80 Kilogramm auf 1 ⃞Ctm.) zum Reissen
gebracht wurden. Man könnte sich dies zurechtlegen durch
die Annahme, dass der Zug in Folge der Ungleichförmigkeiten
des Glases langsame Fluthungen der Moleeüle hervorbringt,
die schliesslich zum Reissen führen. Bei raschen und das
Zeichen wechselnden Druckschwankungen, werden aber die
Fluthungen immer wieder rückgängig. Das Reissen hat so zu
sagen keine Zeit zu Stande zu kommen. Nebenbei sei bemerkt,
dass man sich das Reissen bei ruhenden und vollkommen
gleichmässig vertheilten Molecülen bei gleichmässigem Zuge
überhaupt nicht gut vorstellen kann. Ein solcher Körper müsste
wohl ins Unendliche dehnbar sein. Alles deutet aber eben darauf
hin, dass man sich gar keinen Körper als zu gleichmässig con-
stituirt vorstellen darf. — Die grossen Veränderungen, welche
ein tönender Körper, ohne zu reissen, ertragen kann, zeigen,
wie vortheilhaft akustische Methoden in allen auf Elasticität
bezüglichen Fragen sein müssen.

4.

Wenn man, den Stab mit dem nassen Tuch streichend,
empfindet, mit wie geringer Anstrengung man ihn zu erregen
vermag, so erscheinen die grossen Druckschwankungen in demselben sonderbar. Es schien mir daher nicht ganz ohne Inter-
esse, die Arbeit zu berechnen, welche zur Erzeugung dieser
Druckschwankungen nöthig ist.

Fig. 13.

Der Stab, dessen halbe
Länge l sei, führe seine einfachste Schwingungsweise mit
einem Knoten in der Mitte
aus. Die Distanz eines Theilchens von der Mitte heisse x
und die Excursion desselben, die wir uns bildlich transversal
auftragen ξ. Die Maximalexcursion ist, wenn a die Maximalexcursion des freien Endes bedeutet

$$\xi = a \, \sin \frac{\pi x}{2l}$$

und die maximale Dichtenänderung

$$\frac{d\xi}{dx} = \frac{a\pi}{2l} \, \cos \frac{\pi x}{2l}$$

Das Verdichtungsmaximum im Knoten also, die natürliche Dichte als Einheit genommen, ist

$$\Delta = \frac{a\pi}{2l}$$

und damnach die Endexcursion

$$a = \frac{2l\Delta}{\pi}$$

Weil der Stab 1612 Schwingungen in der Secunde ausführt, ist die Excursion eines Theilchens vollständig dargestellt durch

$$\xi = a \, \sin \frac{\pi x}{2l} \, \sin \, (3224.\pi.t)$$

und die Geschwindigkeit durch

$$\frac{d\xi}{dt} = 3224.\pi.a \, \sin \frac{\pi x}{2l} \, \cos \, (3224.\pi.t)$$

Die Maximalgeschwindigkeit gibt also die Formel

$$\left(\frac{d\xi}{dt}\right)_m = 3224.\pi a \, \sin \frac{\pi x}{2l}$$

Der Ausdruck für die maximale lebendige Kraft des Stabes ist dann

$$2\int_0^l \frac{q\,dx}{2} \, \varrho \left(\frac{d\xi}{dt}\right)_m^2 = q\varrho\,(3224.\pi.a)^2 \int_0^l \left(\sin \frac{\pi x}{2l} \right)^2 .dx$$

Mit Rücksicht darauf, dass

$$\int_0^l \sin \left(\frac{\pi x}{2l}\right)^2 dx$$

$$= \frac{2l}{\pi} \int_0^{\frac{\pi}{2}} (\sin \, u)^2 \, du = \frac{2l}{\pi}\left[-\frac{\cos u \, \sin u}{2} + \frac{u}{2} \right]_0^{\frac{\pi}{2}} = \frac{l}{2}$$

findet man endlich

$$q \, \frac{l}{2} \, \varrho \, (3224.\pi.a)^2$$

für die maximale lebendige Kraft eines Stabes, dessen Querschnitt q, dessen Dichte ρ, dessen maximale Endexcursion a, dessen halbe Länge l und dessen Schwingungszahl 1612 ist. Diese lebendige Kraft muss erzeugt sein durch die Arbeit pw, die man verrichtet, indem man das nasse Tuch mit dem Drucke p die Wegstrecke w an dem Glasstabe hinführt. Wir erhalten den Druck p, den wir ausüben müssen, in Grammen

$$p = \frac{q \cdot \frac{l^{Cm} \cdot 2 \cdot 54}{2} \cdot \frac{Cm}{981}}{w^{Cm}} (3224.\pi.a^{Cm})$$

wobei wir also als Zeiteinheit die Secunde, als Längeneinheit den Centimeter, als Krafteinheit das Gramme, als Arbeitseinheit das Grammecentimeter ansehen und auf die Dichte des Glases $= 2 \cdot 54$, auf die Beschleunigung der Schwere $= 981$ Ctm. Rücksicht nehmen. Bei meinem Stabe war:

$$q = 1 \cdot 5 \text{ Ctm.}$$
$$l = 78 \cdot 5 \text{ Ctm.}$$
$$a = 0 \cdot 0133 \text{ Ctm.}$$
$$w = 50 \text{ Ctm.}$$

Das a wurde ermittelt, indem man auf akustischem Wege den Elasticitätscoëfficienten des Glasstabes zu 669680 . $\frac{\text{Kilogr.}}{\square \text{Ctm.}}$ bestimmte, daraus das Δ, welches einem Druck von 180 Kilogramm auf 1 $\square$Ctm. entsprach $= 0 \cdot 000268$ und hieraus a berechnete.

Wir finden den Druck $p = 55 \cdot 3$ Gramme und als Gesammtarbeit $pw = 2765$ Grammecentimeter, also etwa $\frac{1}{36}$ Kilogrammmeter.

Rechnet man die Arbeit des Stabes annähernd einfacher in der Weise, dass man das Gewicht bestimmt, welches an die Stabenden gehängt eine Verschiebung derselben um 0.0133 Ctm. bewirkt und bemerkt, dass eben dies Gewicht um 0.0133 Ctm. sinkt, so findet man diese Arbeit etwa $\frac{1}{36}$ Kilogrammmeter, also von der vorigen wenig verschieden.

Dass so kleine Arbeiten so grosse Tensionen am Stabe hervorbringen, liegt an dem grossen Elasticitätsmodul und den entsprechend kleinen Excursionen desselben. Diese Verhältnisse erklären es auch, warum bei der Aufzehrung des Schalls durch Reibung keine merkliche Wärmemenge entwickelt wird.

5.

Der Glasstab, an welchem die Bestimmung der Druckschwankungen vorgenommen wurde, die ja selbstverständlich
nur eine beiläufige zu sein braucht, weil die Grösse dieser
Druckschwankungen mit der Intensität des Tones variirt, bestand
aus grünlichem Spiegelglas. Sein Elasticitätscoëfficient war
$669680 \frac{Kilogr.}{\Box Ctm.}$ Ich habe nun auch an weissem Spiegelglas,
welches zu den oben beschriebenen Belastungsversuchen verwendet worden war, den Elasticitätscoëfficienten nach der von
Laplace angebahnten, von Wertheim ausgeführten, akustischen
Methode bestimmt. Die Länge des Stabes betrug 211 Ctm.,
seine Schwingungszahl 1258 ganze Schwingungen und die Dichte
2.54. Hieraus bestimmte sich der Elasticitätscoëfficient zu 73710
$\frac{Kilogr.}{\Box Ctm.}$ Weil diese Zahl der bei den Belastungsversuchen verwendeten Wertheim'schen nahe kommt und die Elasticitätscoëfficienten der Gläser überhaupt stark variiren, bei Wertheim
z. B. zwischen 54200—78100, so habe ich die schon vor meiner
Bestimmung des Coëfficienten ausgeführten Rechnungen auf
Seite 22 nicht weiter verändert.

Die Bestimmung der Schwingungszahl des Stabes habe
ich mit Hilfe einer Normalstimmgabel und eines Monochords
ausgeführt. Um zu ermitteln, in welcher Octave der Ton lag,
was wie bekannt durch das blosse Ohr nicht gut angeht, wurde
die Saite und ein Spectralstreifen des Stabes gekreuzt und so
eine Lissajous'sche Figur erzeugt, aus welcher man in der
That ersehen konnte, dass die Saite um eine Octave zu tief
gestimmt war. Diese Controle ist gerade bei dem spectralen
Verfahren sehr leicht ausführbar. · Einen ähnlichen Fehler
kann man begehn bei Vergleichung der Stimmgabel und Saiten-
tones und dieser kann auf eine ähnliche Art vermieden werden.
Hält man die schwingende Stimmgabel mit den Zinkenenden
quer über die gestrichene Saite, nachdem man zuvor ein
schwarzes Papier unter die Saite auf das Monochord gelegt
hat, so zeigt sich sofort eine Art Lissajous'scher Figur, aus
der man abnehmen kann, ob man den richtigen Ton ge-
troffen hat.

6.

Uebergehen wir nun zur Untersuchung der Schwingungsweise des Glasstabes. Es wurde schon erwähnt, dass die dunklen

Punkte des linearen Spectrums im rotirenden Spiegel in Zickzackcurven ausgezogen erscheinen. Diese Curven sind bei
schwächerem Tönen zugerundet, bei
stärkerem Tönen aber von der Form
der Fig. 14, also aus Geraden zusam-
mengesetzt. • Aus der Zurundung
darf man aber nicht auf eine andere Klangfarbe schliessen,
da dieselbe eine nothwendige Folge der endlichen Breite der
Streifen ist. Scharfe Ecken können nur bei grösseren Excursionen sichtbar werden.

Fig. 14.

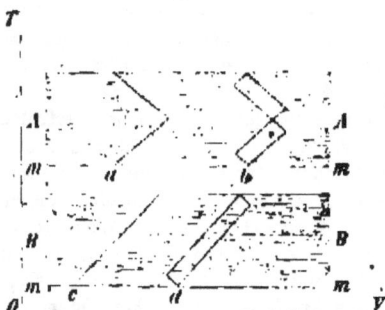

• Ich habe mich nicht allein auf diesen übrigens sehr deutlichen Anblick der Curven im rotirenden Spiegel verlassen,
sondern die Thatsache noch auf eine· andere Weise· constatirt: ·
Projicirt man ein scharfes Bild des Streifenspectrums auf eine
weisse Seidensaite (Violin-E-Saite), so zwar, dass die Saite die
Spectralstreifen senkrecht durchschneidet; so erhält man eine
Lissajous'sche Figur, wenn die Saite gestrichen und der
Glasstab zum Tönen gebracht wird.[1]) Ich habe die Saite zuerst um eine Octave tiefer und dann auf den Ton des Glasstabes gestimmt. Die Spectralstreifen· lagen immer auf ‘der
Mitte der Saite. In beiden Fällen erhält man nun sehr einfache
Schwingungsfiguren. In Fig. 15 stellen AA BB die Schwingungsfelder der Saite vor.
Die Schwingungsrich;
tung der Streifen und
die Saitenrichtung ist
durch O V, die Strei-
fenrichtung und die
Schwingungsrichtung
der Saite durch OT
bezeichnet. Gibt die
Saite die tiefere Octa-
ve des Stabes, so er-
hält man Figuren wie
a, b, bei Einstimmig-
keit zwischen Saite
und Stab aber Figuren wie c d. Natürlich sind die Formen a und

Fig. 15.

_____

[1]) Vergl. Mach, Pogg. Ann. Bd. 134, S. 311 und Neumann, Sitzb. der
Wiener Academie (1870). Bd. 61.

c immer viel stärker zu sehen, als *b* und *d*, weil ja bei ersteren beide Aeste der Figur sich decken.

Da wir nun von der gestrichenen Saite wissen, dass die Mitte derselben mit constanter Geschwindigkeit hin und hergeht und zwar nach beiden Richtungen mit derselben Geschwindigkeit, so ist die Interpretation dieser Curven eine sehr einfache. Man kann geradezu die OT als Zeitabscisse, die OV als Ausweichungsordinate betrachten. Denkt man sich die Curven auf einem nach der Richtung *mm* umgeknickten Blatt Papier verzeichnet und zwar die Hälfte auf dem obern, die Hälfte auf dem untern Theil des Papiers, so braucht man dieses Blatt blos aufzuklappen, um die vollständige Schwingungsfigur zu erhalten. Man sieht hieraus, dass die dem Knoten des Stabes entsprechenden Spectralstreifen genau dasselbe Schwingungsgesetz befolgen wie der Mittelpunkt einer gestrichenen Saite.

Man kann nun diese Excursion der Spectralstreifen, welche eine Function der Zeit $f(t)$ ist, leicht in Form der Fourier'schen Reihe entwickeln und erhält folgendes Resultat:

$$f(t) = a \left[sin \frac{2\pi t}{T} - \frac{1}{9} sin \frac{6\pi t}{T} + \frac{1}{25} sin \frac{10\pi t}{T} \right.$$
$$\left. - \frac{1}{49} sin \frac{14\pi t}{T} + \cdots \right]$$

in welchem T die Schwingungsdauer, t die variable Zeit und a eine der Schwingungsamplitüde proportionale Grösse bedeutet. Wir haben nun zu berücksichtigen, dass die Streifenverschiebungen den Dichtenänderungen im Knoten des Stabes proportional sind. Unsere Curve und die zugehörige Gleichung gibt also zunächst ein Bild des Verlaufs der Dichtenänderungen im Knoten.

Wünschen wir den allgemeinen Ausdruck für die Verdichtung an einer beliebigen Stelle des Stabes herzustellen, so haben wir zu berücksichtigen, dass alle Theiltöne ihre Verdichtungsmaxima im Knoten haben und die Enden des Stabes keine Dichtenänderung erleiden. Hiernach ist der Ausdruck für die Verdichtung $\varphi(t)$, an einer um x vom Mittelpunktknoten entfernten Stelle:

$$\varphi(t) = a \left[cos \frac{\pi x}{2l} sin \frac{2\pi t}{T} - \frac{1}{9} cos \frac{3\pi x}{2l} sin \frac{6\pi t}{T} \right.$$
$$\left. + \frac{1}{25} cos \frac{5\pi x}{2l} sin \frac{10\pi t}{T} - \cdots \right]$$

Hieraus haben wir die Excursion ξ der Stabtheilchen als Function der Zeit t und der Entfernung *x* vom Stabmittel-

44

punkte abzuleiten. Die natürliche Dichte des Glases $= 1$ gesetzt,
haben wir bekanntlich für kleine Excursionen die Dichte
$1 - \frac{d\xi}{dx}$ und demnach die Verdichtung $- \frac{d\xi}{dx} \cdots$.

Wir finden also die Excursion

$$\xi = -\int \varphi\,(t)\,dx$$

$$\xi = -\frac{2al}{\pi}\left[\ sin\ \frac{\pi x}{2l}\ sin\ \frac{2\pi t}{T} - \frac{1}{3^2}\ sin\ \frac{3\pi x}{2l}\ sin\ \frac{6\pi t}{T}\right.$$
$$\left. + \frac{1}{5^2}\ sin\ \frac{5\pi x}{2l}\ sin\ \frac{10\pi t}{T} - \cdots\ \right]$$

Die Integrationsconstante fällt weg, weil die mittlere Excursion $= 0$ sein muss. Die Bewegung des Stabes ist hiemit
vollständig gegeben. [1] Es wäre nun auch leicht dieselbe durch
Zeichnungen anschaulich zu machen, was wir jedoch der Raum-
ersparniss wegen unterlassen wollen. Das auffallende Resultat,
dass die Dichtenvariationen im Knoten des gestrichenen Stabes
dasselbe Gesetz befolgen wie die Excursionen der gestrichenen
Saite, werde ich vielleicht später aufklären können.

7.

Das Glas hat einen sehr grossen Elasticitätsmodul, ist
also nur durch grosse Kräfte merklich dehnbar, schwingt also
stets in sehr kleinen Excursionen und mit hoher Schwingungszahl. Diese Umstände erschweren die Beobachtung der eben
beschriebenen Erscheinungen. Ich war daher bemüht dieselben
noch in einer andern Form darzustellen.

Giesst man einen prismatischen Stab aus reinem durch-
sichtigem Leim und lässt denselben erstarren, so eignet sich
derselbe vorzüglich zur Nachahmung der am tönenden Glasstab
beobachteten Erscheinungen. Kleben wir den Leimstab mit
einem Ende an ein Stück Holz fest und schalten dieses Ende
an Stelle des Glasstabes zwischen die Nicols vor den Spectralapparat ein, wobei wir den Leimstab vertical herabhängen
lassen; so führt er durch seine eigene Elasticität langsame
Longitudinalschwingungen aus, während man die entsprechenden
Schwingungen der Spectralstreifen mit dem blossen Auge beobachten kann. Einfach zwischen die Nicols gebracht, zeigt der
Stab beim Schwingen prächtige Farbenwechsel, welche am festen

---

[1] Die hieher gehörigen Versuche sind im Princip schon beschrieben im
Tagblatt d. 44. Naturforscherversammlung zu Rostock 1871 Nr. 4. —
Ueber Anwendungen dieses Verfahrens zu sehr feinen Zeitbestim-
mungen werde ich später berichten.

Ende die grösste Lebhaftigkeit haben. Der Stab kann auch in
transversale Schwingungen versetzt werden. Iliebei machen sich
die verschieden gedehnten und gepressten Schichten desselben
als farbenwechselnde Bänder bemerklich, welche nach der
Länge des Stabes verlaufen. Für, drehende Schwingungen eignet
sich der Stab ebenfalls vorzüglich und präsentirt dabei analoge
optische Erscheinungen.

Die leichte Trübung des Leims bietet manche Vortheile.
Wird der Leim durch ein Nicol mit Sonnenlicht beleuchtet,
so zerstreut er dieses, ohne es doch vollständig zu depolarisiren,
nach allen Richtungen. Man kann also durch ein zweites Nicol
blickend die Vorgänge in der Leimmasse vollständig übersehen.

Ein so beleuchteter Leimstab auf einige Glasröhren gelegt,
zeigt überall, wo, er aufliegt, eine helle oder dunkle Druckfigur.
Hätte man eine durchsichtige Substanz, die ihrer Consistenz
nach zwischen Glas und weichem frisch erstarrtem Leim in der
Mitte stünde, so könnte man an dieser alle Druck- und Span-
nungsverhältnisse technischer Constructionen auf diese Weise
unmittelbar anschaulich machen. Der Leim ist für diesen Zweck
meist zu weich, auch zu vergänglich und veränderlich.

Führt man gegen das Ende eines auf Glasröhren liegenden
Leimstabes einen Schlag, so sieht man bei gekreuzten Nicols
eine hellaufblitzende Schallwelle gegen das andere Ende fahren
und von demselben wieder zurückkehren. Ohne Zweifel könnte
man taktmässig gegen das Centrum einer Leimscheibe ausge-
führte Schläge stroboskopisch sehr bequem als kreisförmige gegen
den Rand der Scheibe fortschreitende Schallwellen sichtbar machen.
Zur Ausführung dieses Versuches bin ich noch nicht gekommen.

Fig. 16.

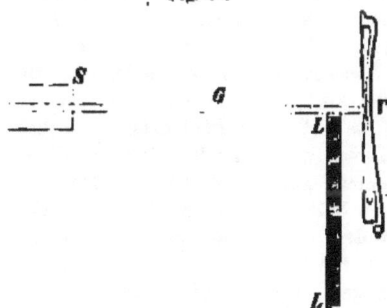

Einen andern Ver-
such will ich jedoch
beschreiben. Ein Leim-
stab *LL* wird nahe an
das freie Ende eines in
den Schraubstock *S* ge-
klemmten Glasstabes *G*
geklebt. Streicht man
den Glasstab am freien
Ende mit dem Fidel-
bogen *V* transversal,
so geräth der Leim
in Longitudinalschwin-

gungen. Da aber die Schallgeschwindigkeit im Leim eine sehr
kleine und daher die Länge der hörbaren Schallwellen eine sehr
kurze ist, so theilt sich der Leimstab in eine grosse Zahl Knoten
und Bäuche, welche man mit Hülfe der Nicols als helle und
dunkle Querstreifen beobachten kann.

Ich zweifle nicht, dass noch viele andere Vorgänge, die
meist nur erschlossen werden, am Leim einfach und direct beobachtet werden können.

Einige Beobachtungsweisen der Luftschwingungen.

1.

Es sollen hier zunächst einige zwar sehr nahe liegende,
aber so viel ich weiss doch noch nicht angewandte Mittel zur
Beobachtung der Luftschwingungen besprochen werden.

Eine 4füssige offene Labialorgelpfeife, war zu einem später
angegebenen Zwecke im Knoten des Grundtones quer durchschnitten. Durch diese Knotenfläche war eine leichte Membran
gelegt und die Pfeife alsdann wieder schalldicht zusammengefügt worden. Eine solche Membran hindert das Tönen der
Pfeife nicht, vernichtet aber den Luftzug, der sonst vom Mund-
loch der Pfeife aus durch dieselbe hindurchgeht. Diese Pfeife
lag mit ihrer Längenrichtung horizontal und war mit verticalen
Glaswänden versehen. Auf die obere hölzerne Seitenwand der
Pfeife war im Innern etwas Kieselsäurestaub aufgeschüttet
worden, welcher daselbst haften blieb. Kam die Pfeife zum
Tönen, so fiel der Kieselsäurestaub von der obern Wand in
das Innere herab, was man noch durch einen Schlag auf die
Pfeife beschleunigen konnte und blieb in der Luft der Pfeife
schweben. Diese hellen Kieselsäurestäubchen, welche bei De-
leuchtung mit Sonnenlicht als glänzende Fäden erschienen,
wurden beim Tönen in feine helle der Pfeifenachse parallele
Linien ausgezogen. Die Linien waren am längsten am offenen
Ende der Pfeife und nahmen gegen die Mitte zu stetig an
Länge ab. Fasste man ein Stück Spiegel mit beiden Händen
und drehte dasselbe mit den Fingern um eine der Pfeifenachse parallele Achse, so wurde jedes Stäubchen sofort in eine
schöne Wellenlinie ausgezogen. Dieses einfache Mittel eignet
sich vorzüglich zur Demonstration der Luftschwingungen. Ich

habe früher auch Rauchflocken von Salmiak, die in bekannter Weise erzeugt werden, in die Pfeife gebraucht. Man sieht auch an diesen die Verbreiterung beim Tönen sehr schön. Zum Curvenziehen eignen sich aber diese Flocken, ihrer schwachen Begrenzung wegen, nicht. Ein anderes Mittel dieser Art soll später angegeben werden.

2.

Man denke sich eine vierkantige hohle abgestutzte Holz-pyramide, etwa von 4 ▢Ctm. Basisfläche und 2 Ctm. Höhe. Die Basis wird mit einer Membran geschlossen, in die Oeffnung des abgestutzten Endes aber eine Glasröhre eingekittet und an letztere ein Kautschukrohr gesteckt. Führt man das freie Ende · des Kautschukrohrs in das Innere einer tönenden Pfeife, so beginnt die Membran sofort lebhaft zu schwingen. Nun lege man auf die Basis der Pyramide noch ein leichtes Spiegelchen (ein versilbertes Mikroskop-Deckglas), dessen Rand man an die eine Basisseite mit dünnem Papier anklebt, während man die Mitte durch ein untergelegtes Holzsplitterchen und etwas Leim mit der Mitte der Membran verbindet. Das Spiegelchen dreht sich beim Tönen um den festgeklebten Rand und ziebt alle hellen Punkte senkrecht zu diesem Rande in helle Linien aus. Dreht man die Kapsel sammt dem Spiegelchen zugleich um · eine zweite zur Schwingungsachse senkrechte Achse, so werden alle hellen Punkte zu schönen Wellencurven. Man kann das ganze Verfahren beibehalten, nur dass man von der kleinen Oeffnung eines Fensterladens Sonnenlicht auf den Spiegel fallen lässt und vor diesen noch eine Linse setzt, welche durch das reflectirte Licht ein scharfes reelles Bild der Fensterladenöffnung auf einem Schirm entwirft. Dann erhält man alle Erscheinungen objectiv.

Lässt man dieselbe Membran- oder Spiegelkapsel mit zwei Pfeifen communiciren, so zeigen sich auf die schönste Weise die Combinationen von harmonischen und unharmonischen Tönen, die Schwebungen u. s. w. Ebenso leicht erhält man Lissajous'sche Figuren, wenn man 2 verschiedene Pfeifen mit 2 verschiedenen Spiegelkapseln verbindet, deren Schwingungsachsen zu einander senkrecht stehen und wenn man das vom ersten Spiegel reflectirte Licht nochmals vom zweiten reflectiren lässt. Dies Demonstrationsmittel ist nicht nur sehr bequem, sondern kann auch mit geringer Mühe und kostenfrei von jedem Experimentator hergestellt werden.

3.

Statt einen Spiegel an die Membrankapsel zu setzen, kann man ein Stückchen steifes Kartenpapier in ganz gleicher Weise befestigen, an welches man noch eine Borste klebt. Mit letzterer kann man sofort auf der Phonautographentrommel schreiben und erhält auf diese Weise sehr hübsche Curven. Leider sind bei diesen und bei den vorigen Experimenten die Eigenheiten der Membrane nicht gut zu eliminiren, so dass sich diese Hilfsmittel mehr zur Demonstration als zum Studium eignen.

Herr Studiosus Janauschck, der viele dieser Versuche im Prager physikalischen Institut ausgeführt hat, konnte nur selten zwei Membrankapseln herstellen, welche gleich schrieben. Könnte man mehrere gleiche Kapseln anfertigen, so liessen sich ebensoviele gleichzeitige Phonautogramme von verschiedenen Stellen der Pfeife erhalten und man würde damit ein unmittelbares Bild des Schwingungsvorganges gewinnen. — Vortheilhaft ist es an die Membrankapsel einen Draht anzubringen, durch welchen man den Spiegel andrücken und die Membran spannen kann.

Die König'schen Brenner, welche zur Darstellung der Luftschwingungen dienen, sind bekannt. Die Ausflussgeschwindigkeit des brennenden Gases und damit die Länge und Helligkeit der Flamme variirt periodisch in Folge des Tones und diese Variation kann im rotirenden Spiegel sichtbar gemacht werden.

Ich habe diese Brenner modificirt, wodurch sie, wie mir scheint, empfindlicher geworden sind. Auch sind sie in der neuen Gestalt von dem Vorhandensein des Leuchtgases unabhängig. Die Fig. 17 macht die Einrichtung ersichtlich. Eine gebogene und in eine Spitze ausgezogene Glasröhre *aa* ist von einem Napf *bb* umgeben, der mit Oel gefüllt wird und über die Spitze ist ein durch die Punktirung angedeuteter Hohldocht gezogen. Wird bei der weiten Oeffnung Schall erregt, so überträgt sich dieser durch die Oeffnung der Spitze sofort auf das Innere der Flamme *cc* und ertheilt dieser gewaltige Excursionen. Hier fällt die Vermittlung der Membran und die mit der Anwendung von Gas stets verbundene lästige Druckdifferenz weg.

Fig. 17.

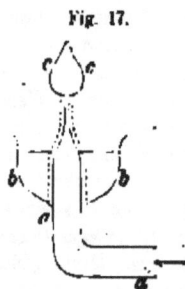

Ich habe diesen Brenner vor etwa 3 Jahren construirt, um damit die Trommelfellschwingungen am lebenden menschlichen Ohr sichtbar zu machen, was auch sehr gut gelang. Da mir aber diese Versuche zu wenig versprachen, liess ich sie wieder fallen und publicirte sie auch nicht. Wie ich eben sehe, sind ähnliche Versuche kürzlich von Herrn Emil Berthold ausgeführt und in der Monatschrift für Ohrenheilkunde von Gruber (Berlin März 1872 Nr. 3) beschrieben worden. Als Herr Dr. J. Kessel zu Anfang des Jahres 1871 ins Prager Laboratorium kam, nahm er neue Modificationen an meinem Brenner vor und führte ebenfalls Versuche am lebenden Ohr aus, die vielleicht später besonders beschrieben werden.

Die transversal schwingenden Flammen.

1.

Im Anzeiger der Wiener Akademie (1870 Nr. 6) habe ich akustische Versuche mit Flammen beschrieben, welche ein Seitenstück zu den König'schen bilden. Man könnte die König'schen Flammen als longitudinal schwingende bezeichnen; die meinigen hingegen als transversal schwingende. Während bei den König'schen Flammen die akustische Bewegung in die Ausströmungsrichtung des Gases fällt, ist sie bei meinen Versuchen zu derselben senkrecht. Während das brennende Gas etwa vertical aufwärts ausströmt, wird es zugleich durch den Schall horizontal hin- und hergetrieben.

Fig. 14.

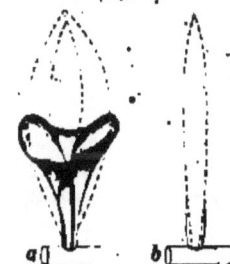

Man erhält eine solche transversal schwingende Flamme, wenn man vor die Mündung einer horizontal liegenden Orgelpfeife einen Gasbrenner mit sehr kleiner Oeffnung bringt, der eine schmale verticale Flamme liefert. Der Brenner kann natürlich auch an eine beliebige Stelle in's Innere der Pfeife gebracht werden, nur muss die Längenrichtung der Pfeife zu jener der Flamme senkrecht stehen. Mehrere der hier beschriebenen Versuche sind

von mir, andere von Herrn.Studiosus Hervert im Prager
Laboratorium ausgeführt.

In der Fig. 18 a ist eine der gewöhnlichsten Flämmen-
formen dargestellt, in b dieselbe Flamme, wenn sie nicht durch
den Schall afficirt wird. Der nicht punktirte Theil bezeichnet
die Kohlenoxydflamme. Herr Hervert hat auch mehrere solche.
Flammen sehr hübsch photographirt. Diese Photographien gäbe
ich aber nicht bei, da jeder Beobachter, der sich für diesen
Gegenstand näher interessirt, die Flammen sofort auf die einfachste Weise herstellen kann.

2.

Es frägt sich nun, wie diese Flammenformen zu Stande
kommen. Die Erklärung derselben ist einfach, zumal wenn wir
uns auf die Hauptzüge der Gestalt beschränken. Nehmen wir
zunächt die ruhende Flamme als unendlich dünn an, als eine
blosse Linie von aufsteigenden glühenden Kohlentheilchen und
setzen wir voraus, dass jedes aus der Brenneröffnung tretende
Kohlentheilchen sofort die ganze eben herrschende Geschwindigkeit der Luft annimmt und von da an vertical aufsteigend die
ganze Periode der Horizontalgeschwindigkeiten der Luft mit-
macht. Ueberlegen wir die bei dem Versuch herrschenden
Verhältnisse, so finden wir, dass unsere Voraussetzungen der
Wahrheit sehr nahe kommen.

Die Schwingungen der Luft sollen, t die Zeit, a die Amplitüde, T die Schwingungsdauer, y die Horizontalausweichung
genannt, das einfache Gesetz befolgen $y = a \sin \frac{2\pi t}{T}$, wobei
wir die Zeit vom Beginn der Ausweichung aus der Gleichgewichtslage zählen. Die Geschwindigkeit der Luft ist dann

$$\frac{dy}{dt} = \frac{2 a\pi}{T} \cos \frac{2\pi t}{T}.$$

Tritt nun ein Kohlentheilchen nach der Zeit τ vom Be-
ginne der Schwingung gezählt aus der Brenneröffnung, so wird
seine Horizontalgeschwindigkeit nach der Zeit t vom Austritt
an gerechnet sein

$$\frac{dy}{dt} = \frac{2 a\pi}{T} \cos \frac{2\pi}{T} (t + \tau).$$

Die betreffende Horizontalexcursion ·des Kohlentheilchens wird daher ·

$$y = a \ sin \ \frac{2\pi}{T} \ (t + \tau) + const$$

und mit Rücksicht darauf, dass für $t = 0$, wenn wir die y von der Brenneröffnung an rechnen auch $y = 0$, ist

$$y = - a \ sin \ \frac{2\pi\tau}{T} + a \ sin \ \frac{2\pi}{T} \ (t + \tau). \cdot$$

Legt das Theilchen in der Zeit t den Weg $x = bt$ zurück, so ist die Curve, die das Theilchen beschreibt:

$$y = - a \ sin \ \frac{2\pi\tau}{T} + a \ sin \ \frac{2\pi}{T} \left(\frac{x}{b} + \tau \right)$$

wobei der Anfangspunkt der Coordinaten in der Brenneröffnung liegt, und die x Achse vertical aufwärts geht. ·

Wenn wir nun dem τ alle möglichen Werthe ertheilen, so erhalten wir alle Curven, welche von den zu verschiedenen Phasenzeiten anstretenden Kohlentheilchen beschrieben werden können. Natürlich wiederholen sich diese Curven, so oft τ die Schwingungsdauer durchläuft, periodisch.

Wünschen wir die Curve zu erhalten, welche durch die Folge der Kohlentheilchen zur selben Zeit eingenommen wird, d. h. die Form der Flamme für einen Zeitpunkt, so haben wir Folgendes zu bedenken. Jedes Kohlentheilchen gehört einer andern Curve der oben betrachteten Curvenreihe an.· Tritt das unterste Theilchen zur Phasenzeit τ aus, so ist das um x höher gelegene Theilchen zur Phasenzeit $\tau - \frac{x}{b}$ ausgetreten. Wenn wir also in obiger Formel τ als mit x variabel betrachten und $\tau - \frac{x}{b}$ für τ einsetzen, erhalten wir die Form der unendlich dünnen Flamine. Dies gibt:

$$\cdot y = - a \ sin \ \frac{2\pi}{T} \left(\tau - \frac{x}{b} \right) + a \ sin \ \frac{2\pi}{T} \ \tau$$

In der Fig. 19 sind die betreffenden Curven construirt.· Die Curven, welche von den zu den Phasenzeiten $\tau = 0, \frac{T}{4}$, $\frac{T}{2}, 3\frac{T}{4}, T \ldots$ austretenden Kohlentheilchen beschrieben werden, sind durch die Folge 1, 2, 3, 4, 1 .... dargestellt, während die gleichzeitigen Flammenformen durch die Folge 1, 4, 3, 2 · 1, 4 ....; gegeben sind.· Eine Veränderung der Constanten-

4*

Fig. 19.

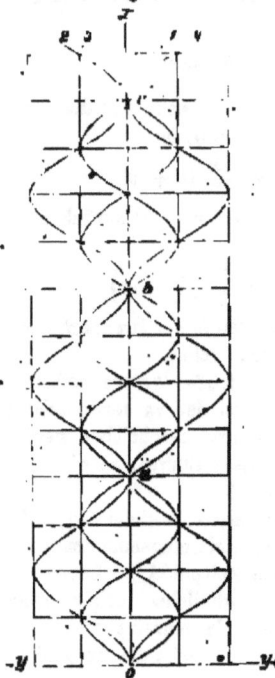

werthe a, b, T hat bloss zur Folge, dass die Curven nach der Abscissen- oder Ordinatenrichtung gleichmässig gedehnt oder zusammengedrückt werden.

3.

Denkt man sich alle möglichen Curven übereinander gelegt, so giht dies das Bild der transversal schwingenden Flamme und man sieht, dass dieses in den wesentlichen Zügen mit der wirklich beobachteten Flammenform stimmt. Wie weit die Curven von o aus nach oben gezogen werden, ob bis a, b oder c, hängt nur davon ab, wie lange die austretenden Gastheilchen brennen. In der That kann man Flammen mit einer, mit zwei, mit drei Anschwellungen erhalten, wenn man höher und höher brennende Flammen anwendet. Am vortheilhaftesten für diese Versuche sind dünne und hochbrennende d. h. langsam brennende Flammen. Man erhält diese, indem man dem Leuchtgas etwas Kohlensäure zumischt.

Man kann sich die Veränderung der Flammenform sehr leicht mechanisch auf folgende Weise vergegenwärtigen. Ein glänzender Draht wird sinusförmig gebogen. Auf einem schwarzen Brett bringt man in dem Abstand einer Wellenlänge durch Einschlagen von Drahtstiften zwei Führungen a, b an. Schiebt man nun den Draht in der Richtung des Pfeiles durch diese Führungen, wobei man sich in a die Brenneröffnung in b etwa das Ende der Flamme vorstellt, so zeigt er alle Formen, welche die Flamme annehmen kann. Bei sehr raschem Durchschieben aber, wenn die Einzeleindrücke keine Zeit haben zu verlöschen, erhält man das Bild der transversal schwingenden Flamme.

Dass die Flamme so entsteht, wie wir oben angenommen haben, davon kann man sich auf mannigfaltige Weise über-

zeugen. Vor und etwas ober der Mündung der horizontal liegenden Pfeife befindet sich ein horizontal
liegender Bunsen'scher Brenner. Wirft man in die
Flamme eine Prise feiner Eisenfeilspäne, so fallen diese
glühend vor der Mündung der Pfeife herab und ziehen
hiebei zugleich die schönsten leuchtenden Wellencurven.
Eine Rauchsäule von Terpentin, oder von einer, eben
verlöschten Kerze, zeigt vor der Pfeife aufsteigend ein
spiraliges Ansehen, welches durch die Uebereinander-
legung der zahllosen von den Rnsstheilchen gezogenen
Wellencurven zu Stande kommt.

Fig. 20.

Es ist keine Frage, dass unsere Entwicklung der
Wahrheit nicht vollkommen entspricht. Einmal weil
die Gastheilchen kaum gleichförmig aufsteigen werden.
Dann wird in Folge der Tonwelle selbst die Ausströmungsgeschwindigkeit variabel. Die Form der Flamme
wird hiedurch nothwendig etwas modificirt. Diese Modificationen
sollen vorläufig unbeachtet bleiben.

4.

Betrachten wir einige instructive Experimente, welche sich
mit den transversal schwingenden Flammen ausführen lassen.
Wir setzen einen gewöhnlichen König'schen Brenner auf die
Seitenwand einer Pfeife A, welcher also eine longitudinalschwin-
gende Flamme liefert und bringen dieselbe vor die Mündung
einer zweiten Pfeife B. Tönen beide Pfeifen isochron, so entsteht hiedurch eine eigenthümliche Flammenform. Die beste
Vorstellung von derselben erhalten wir, wenn wir uns eine
einzelne Flammenform der obigen Entwicklung fixirt denken.
Geben die beiden Pfeifen mit einander Schwebungen, so verändert sich die Flamme, indem sie jeder Schwebung entsprechend
eine ganze Reihe von Formen durchmacht. Diese Formen sind
nun sehr ähnlich den aufeinanderfolgenden Curven, die wir in
obiger Entwicklung gefunden haben.

Das Wesentliche der Erscheinung ist nicht schwer zu erklären. Durch die Wirkung der Pfeife A tritt das Gas stossweise
aus. Auf jede Schwingung fällt ein Stoss: Diese Gasportion
wird nun durch die Schwingung der Pfeife B ergriffen und
durch eine bestimmte Curve geführt, welche beim Einklang von A
und B steht, sich aber sichtbar verändert, wenn A und B

54

langsame Schwebungen geben, also jeder folgende Gasstoss von *A* auf eine etwas andere Phase von *B* fällt. Diese Flammen entsprechen vollständig den Lissajous'schen Figuren.

Man kann die einem bestimmten Momente entsprechende Form der transversal schwingenden Flamme noch auf eine andere Art beobachten und sich dadurch von der Richtigkeit unserer Auffassung überzeugen, wie wir im Folgenden sehen werden.

Wenn eine ganze Reihe König'scher Brenner, die auf einer Pfeife *A* sitzen, in das Innere einer zweiten verglasten Pfeife *B* hineinragt, so erhält man den Eindruck der Longitudinalwelle in *B*, sobald *A* und *B* mit einander Schwebungen geben. Dieses Experiment unterliegt aber einigen Schwierigkeiten, wegen der grossen Hitze und dem damit verbundenen Luftzug in der Pfeife *B*.

Lassen wir nun die Pfeife *A* etwa die vierfache Schwingungszahl von der Pfeife *B* annehmen. Sofort löst sich die Flamme, deren Grundgestalt immer Fig. 18 ist, in vier wellenförmige Flammenfasern auf, welche im Kreise herumzulaufen scheinen, wenn *A* und *B* kein reines Intervall geben.

Mit den transversalen Flammen lässt sich auch die Richtung der Luftschwingungen gut studiren. Die Flammen sind sehr platt gedrückt oder viel mehr platt gezogen. Die Ebene der Flamme, wenn man so sagen darf, ist nun natürlich parallel der Schwingungsrichtung. Man sieht auf diese Weise wie die Schwingungsrichtungen von der Mündung der Pfeife auswärts nach allen Richtungen divergiren, was auch bei manchen Stellungen der Flamme eine in Bezug auf die Ausströmungsrichtung unsymmetrische Form zur Folge hat.

Stellt man zwei genau gleichgestimmte von demselben Blasebalg versorgte Pfeifen mit den offenen Enden so zusammen, dass ihre Längenrichtungen zu einander rechtwinklig stehen, so sieht man aus der Stellung der zwischen die Mündungen gebrachten Flamme sogleich, dass ihre Verdichtungen alterniren. Denn die Flammenebene stellt sich senkrecht auf die Symmetrieebene des Pfeifensystems. Diese Ebene müsste sich in die Symmetrieebene stellen, wenn die Pfeifen in gleichen Phasen schwingen würden. ›

Geben die Pfeifen mit einander Schwebungen, so löst sich die Flamme in eine Art Kegelfläche von elliptischer Basis auf, deren Spitze in der Brenneröffnung liegt. Die Gestalt der Flamme ist aber natürlich complicirter als diese schematische

Beschreibung es angibt. Ich unterlasse es, weitere Experimente zu beschreiben, auf die der Leser selbst verfallen wird.

5.

Es frägt sich nun,. ob man die transversalschwingenden Flammen nicht bloss zur Demonstration akustischer Vorgänge, sondern auch zu wissenschaftlichen Zwecken benützen kann. Um diese Frage zu beantworten, wollen wir noch eine einfache Betrachtung anstellen. In der obigen Ableitung wurde vorausgesetzt, dass die glühenden Theilchen sofort die ganze Geschwindigkeit der schwingenden Luft annehmen. Wie verhält sich nun die Sache, wenn man diese Voraussetzung fallen lässt? Setzen wir die Luftgeschwindigkeit

$$v_1 = m \sin t + n \cos t$$

und nehmen wir an, die Beschleunigung des glühenden Theilchens sei proportional der Differenz der Luftgeschwindigkeit und seiner eigenen Geschwindigkeit. Heisst die Geschwindigkeit des Theilchens v, so erhalten wir

$$\frac{dv}{dt} = k\,(v_1 - v)$$

hieraus findet sich

$$v = k\,\frac{km + n}{k^2 + 1}\,\sin t + k\,\frac{kn - m}{k^2 + 1}\,\cos t + Ce^{-kt}.$$

und die Horizontalausweichung des Theilchens

$$y = k\,\frac{kn - m}{k^2 + 1}\,\sin t - k\,\frac{km + n}{k^2 + 1}\,\cos t - \frac{Ce^{-kt}}{k} + C,$$

woraus man sieht, dass in diesem Falle die Kohlentheilchen ebenfalls in constanten Amplitüden schwingen, wenn gleich in anderen als die Luft selbst. Zugleich nähert sich mit dem Aufsteigen des Theilchens die Gleichgewichtslage, um welche die Schwingung stattfindet, asymptotisch einer gewissen Grenze. Von einer solchen Verschiebung der Gleichgewichtslage konnte nun bei den Versuchen nichts bemerkt werden und es kann demnach die frühere Voraussetzung festgehalten werden, nach welcher die Geschwindigkeitsdifferenz zwischen Luft und Kohlentheilchen unmerklich ist.

Trifft Letzteres zu, so können die transversal schwingenden Flammen direct zur Messung der Luftexcursionen angewandt werden, wie sich sehr leicht zeigen lässt. Es sei allgemein $\varphi\,(t + \tau)$ die Excursion, $\varphi'\,(t + \tau)$ die Geschwindigkeit der

Fig. 21.

Lufttheilchen, dann ist $y = \varphi\,(t + \tau) + const$ die Excursion der Kohlentheilchen und mit Rücksicht darauf, dass für $t = 0$ auch $y = 0$, ist $y = \varphi\,(t + \tau) - \varphi\,(\tau)$ die Excursion des Kohlentheilchens, welches zur Phasenzeit τ austritt. Biegen wir nun einen Draht in die Form der Schwingung $\varphi\,(t)$ und lassen diesen zwischen den beiden im Abstande einer Wellenlänge angebrachten Führungen ab hindurchgleiten, so kann dieser Draht alle Curven vorstellen, welche von Kohlentheilchen beschrieben werden können. Die grösstmögliche Excursion der Kohlentheilchen nach rechts kommt vor, wenn die Drahttheile nn, welche die grösste Excursion nach links haben, auf ab zu liegen kommen. Die grösste Excursion nach links tritt mit dem Zusammentreffen von mm und ab ein.

Der grösste Horizontalabstand h des rechten und linken Flammenrandes wird also (für die unendlich dünne Flamme) gleich der doppelten Weite der Luftschwingungen. Für die Flamme von endlicher Breite b ergibt sich leicht Folgendes. Ist a die grösste Ausweichung des Lufttheilchens aus der Gleichgewichtslage (bei beliebiger Schwingungsform), h der erwähnte Horizontalabstand für die schwingende Flamme und b die Breite der ruhenden Flamme, so hat man:

$$a = \frac{h - b}{4}$$

oder für die Entfernung der Endlagen des Lufttheilchens

$$2\,a = \frac{h - b}{2}$$

Man hat also an dem erwähnten grössten Horizontalabstand der Flammenränder ein sehr einfaches und bequemes Mittel die Excursion der Lufttheilchen zu messen. Diese Abstände können mit dem Cirkel gemessen oder auch durch ein Fernrohr mit Ocularmikrometer abgelesen werden.

6.

Noch eine andere Anwendung lässt die transversal schwingende Flamme zu. Man sieht das leicht durch folgende Betrachtung. Die glühenden Theilchen beschreiben alle aufwärts steigend dieselbe Schwingungscurve, wobei alle Curven, aber jede mit anderer Phase, in der Brenneröffnung beginnen. Hierauf beruht eben die Darstellbarkeit der Flamme durch den oben erwähnten verschiebbaren Draht. Die Grenzcurve der Flamme ist nun nichts weiter als die Umhüllende aller dieser Schwingungscurven. Diese Grenzcurve kann in manchen Fällen identisch werden mit der Schwingungscurve selbst. Wenn aber dies auch nicht zutrifft, so kann man noch immer an einer Art Streifung der transversalschwingenden Flamme die Form der Schwingungscurve einigermassen abnehmen. Unter allen Umständen aber sieht man, ob die Schwingungscurve symmetrisch ist oder nicht. Dem entsprechend ist auch die Flammenform symmetrisch oder unsymmetrisch.

Denken wir die Zeiten als Abscissen, die Excursiouen als Ordinaten aufgetragen, so erhalten wir die Schwingungscurve. Wir nennen sie symmetrisch, wenn die Ordinate der grössten oder kleinsten Excursion eine Symmetrielinie der Curve ist. Legen wir in der halben Höhe der ersten Flammenschlinge eine Horizontale, so muss diese auch eine Symmetrielinie der Flamme sein, wenn die Schwingungscurve symmetrisch ist.

Fig. 22.

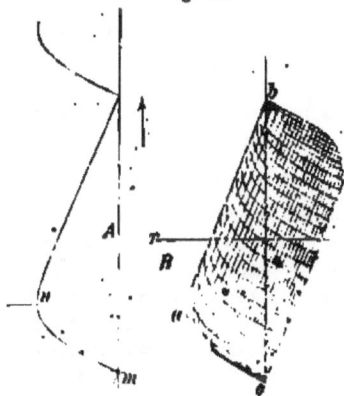

Erläutern wir uns dies an einigen Beispielen. In Fig. 22 sei *A* die Schwingungsfigur, durch deren oftmaliges Uebereinanderlegen die Flammenform *B* entsteht. Die Umhüllende oder Grenzcurve *oab* fällt hier mit der Schwingungscurve *mnp* zusammen. Die Schwingungscurve ist in Bezug auf die durch *n* oder *m* gelegten Horizontallinien unsymmetrisch. Ebenso ist auch die Flamme unsymmetrisch sowohl in Bezug auf *rs* als auch in Bezug auf *ob*.

In Fig. 23 bedeutet *A* die Schwingungsfigur, durch welche

Fig. 23.

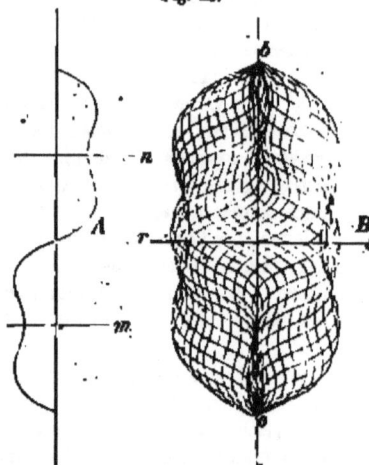

die Flammenform B entsteht. Erstere ist symmetrisch in Bezug auf n oder m, letztere in Bezug auf rs. Die Grenzcurve stimmt hier mit der Schwingungscurve nicht überein. Dagegen spricht sich die Schwingungscurve in der Streifung der Flamme aus.

7.

Ich will nun einige Versuche anführen, welche mit Hilfe der transversal schwingenden Flamme an Pfeifen angestellt wurden. Eine offene Labialpfeife von 2.45 " Länge und 0.14 " Weite im Lichten, ergab mässig angeblasen am offenen Ende $A = 15$ ", während die Breite der ruhenden Flamme 4 "· betrug. Hiernach war die grösste Ausweichung aus der Gleichgewichtslage für die Lufttheilchen in der Mündung der Pfeife 2.75 ". So viel rückten die Theilchen aus ihrer Ruhelage ins Innere und ebensoviel nach aussen.

Für eine zweite offene Pfeife von $1·17$ " Länge und $0·08$ " Weite im Lichten fand sich bei mässigem Anblasen $A = 12$ ",

$$b = 4 \text{ " also } a = \frac{A - b}{4} = 2 \text{ "}$$

Diese Flammendimensionen wurden genau im offenen Ende der Pfeife abgenommen. Geht man mit der Flamme in's Innere der Pfeife, so wird die Excursion merklich kleiner. Ebenso nimmt die Excursion ab, wenn man sich etwas nach aussen von der Mündung entfernt, indem die Schallbewegung sich hier nach allen Richtungen ausbreitet, wie man an der Schwingungsebene der Flamme sehen kann, wenn man sie vor der Mündung hin und herführt.

Die Höhe der Flamme, die Geschwindigkeit der Gasausströmung hat keinen Einfluss auf die Bestimmung der Excursionen. Man findet immer das gleiche Resultat, wie man auch den Gaszufluss reguliren mag.

'Läßt man aber das Gas immer langsamer zuströmen, so geht eine eigenthümliche Veränderung mit der Form der Flamme vor. Sie wird immer niedriger und nimmt zuletzt die Form Fig. 24 an.

Fig. 24.

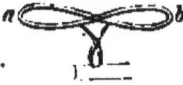

Der leuchtende Theil erhält also bei sehr kleiner Ausströmungsgeschwindigkeit eine sehr ähnliche Form wie diejenige, die wir in der Regel an dem blauen Theil (an der Kohlenoxydflamme) bemerken. Hiernach darf man schliessen, dass die eigenthümliche Form der Kohlenoxydflamme nur von der geringern Aufsteigegeschwindigkeit der betreffenden Gastheilchen herrührt, welche kleinere Geschwindigkeit sich wieder aus der stärkeren Mischung mit der umgebenden Luft, dem grösseren Bewegungsverlust durch Reibung und der geringen Temperatur dieser Gastheile erklärt. Wie aber die Form Fig. 24 bei sehr kleiner Ausströmungsgeschwindigkeit zu Stande kommt, ist wieder leicht verständlich, Würden die glühenden Theilchen gar nicht aufwärts steigen, so würde jedes in Folge der Schallbewegung in einer horizontalen geraden Linie hin und hergeführt. Dies muss nun nahezu auch eintreten, wenn die Aufsteigegeschwindigkeit so gering ist, dass die während einer Schallschwingung aufwärts zurückgelegte Strecke sehr klein ist. Die Theile verbrennen dann eher, als sie merklich aufgestiegen sind. Dass wir aber keine leuchtende horizontale Linie, sondern eine sehr lang gezogene horizontale Achterschlinge erhalten, kommt von der mit der Schwingungsperiode zusammenhängenden Periode der Ausströmungsgeschwindigkeit.

Aus der Excursion der Lufttheile am Ende einer offenen Pfeife, kann man leicht die Dichten oder Druckvariationen in den Knoten bestimmen, wenn die Schwingungsform bekannt ist, oder man irgend eine Schwingungsweise voraussetzt. Es heissen x und $x + dx$ die Abcissen zweier Theilchen, ξ und $\xi + d\xi$ die zugehörigen Excursionen. Ist dx die Entfernung der Theilchen in der Ruhlage, so ist sie $dx + d\xi$ in der Excursion. Nimmt man die Dichte des ruhenden Mediums als Einheit, so drückt sich jene des bewegten einfach durch

$$\frac{dx}{dx + d\xi} = \frac{1}{1 + \frac{d\xi}{dx}}$$

aus, was sich auf $1 - \frac{d\xi}{dx}$

reducirt, wenn man die Excursionen als sehr klein betrachtet. Ist also ξ die Excursion als Function der Abscisse x und der

68

Zeit t gegeben. so ist die Verdichtung einfach $-\dfrac{d\xi}{dx}$ oder die

Dichtenänderung ohne Rücksicht auf das Zeichen $\dfrac{d\xi}{dx}$. Zählen wir die Abscissen vom Mittelpunkte der Pfeife aus, deren halbe Länge wir l, doren Schwingungsdauer wir T nennen, so haben wir für die einfachste Schwingungsweise

$$\xi = a\ \sin\frac{\pi}{2l}\ x\ \sin\frac{2\pi\ t}{T}\ \text{und}$$

$$\frac{d\xi}{dx} = \frac{a\pi}{2l}\ \cos\frac{\pi x}{2l}\ \sin\frac{2\pi\ t}{T},$$

demnach ist die maximale Dichtenänderung im Knoten

$$\varDelta = \frac{a\pi}{2l}$$

Für die 2.45 m. lange Pfeife. erhält man nun mit Hilfe des $a = 2.75$ mm. $\varDelta = 0.0035$. Die Druckvermehrung oder Druckverminderung im Knoton betrug also 0.0035. einer Atmosphäre, entsprach also einer Wassersäule von 3.6 cm. Wurde nun ein Kund t'sches[*) Schallmanometer in dem mittleren Knoten der offenen Pfeife angebracht, so zeigte sich bei Füllung mit Wasser bloss ein Niveauunterschied von 0.6 cm. und bei einem zweiten Exemplar des Manometers von 1.2 cm., also beziehungsweise $\tfrac{1}{1}$ und $\tfrac{1}{1}$ der zu erwartenden Druckdifferenz. Würde man auf die Temperaturänderung während der Schallschwingung Rücksicht nehmen, so müsste die Druckdifferenz noch etwas grösser ausfallen. Man sieht aber schon aus der Differenz der beiden Versuche, wie sehr es bei dem Manometer auf minutiöse Ausführung ankommt. So schön der Manometerversuch als Collegienversuch ist, so dürfte doch die Messung der Flammenbreite sicherer und vorzüglicher sein.

Das erwähnte Kund t'sche Manometer besteht. bekanntlich aus einer heberförmigen in die Seitenwand der Pfeife eingesetzten zum Theil mit Wasser gefüllten Röhre, welche mit dem Innern der Pfeife durch ein feines Membranventil communicirt, das leicht in Schwingungen geräth und sich entweder in die Pfeife oder in die Röhre öffnet. Im ersteren Fall zeigt das Manometer Verdünnungs- im zweiten Verdichtungsmaxima.

Für die kürzere 1.17ᵐ lange Pfeife berechnet sich die

*) Kundt Pogg. Ann. B. 134 (1868).

der Excursion von 2 — entsprechende Druckänderung im
Knoten zu 0.0053 Atmosphären. Bei gleichen Excursionen im
Bauch der Pfeife nehmen die Druckänderungon zu, wenn die
Pfeifenlänge abnimmt, wie aus der Relatiou $\varDelta = \frac{a x}{2 l}$ zu
ersehen ist.

8.

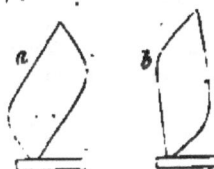

Es wurde bereits erwähnt, dass man aus der Form der
transversal schwingonden Flammo in vielen Fällen auf die
Schwingungsform der Pfeife einen Schluss ziehen kann. Vor
dem offenen. Ende der kürzeren Pfeife erhielt man die Flammenform Fig. 25 a, vor der
längeren Pfeife aber die, in
b schematisch dargestellto
Form. Hiebei hat man
sich die Pfeifenöffnung links
von der Flamme vorzustel-
len. Beiden Formen muss
also eine .unsymmetrische
Schwingungsform, muth-
masslich die Curve c ent-
sprechen. In dieser Curve
sind die Zeiten als horizontale Abscissen, die Ausweichungen
ins Innere der Pfeife als verticale Ordinaten nach aufwärts aufgetragen. Für die Flamme a ist die Curve von links nach
rechts, für die Flamme b von rechts nach links zu lesen.

Man kann sich von der Richtigkeit dieser Auslegung auf
verschiedene Weise überzeugen. Zunächst kann man die Ausströmungsgeschwindigkeit des Gases so herabsetzen, dass die
schmale leuchtende liogendo Achterschlinge Fig. 24 entsteht.

Fasst man nun einen Spiegel und gibt ihm eine Drehung um
eine zu ab parallele Achse, so wird die Flamme, die hier fast
auf eine zur Pfeifenachse parallele Linie reducirt ist, sofort in
die Curve c Fig. 25 aufgelöst.

Dass die unsymmetrische Form der Flamme nicht vom
Luftstrom der Pfeife herrührt, lehrt der Umstand, dass auch
in Pfeifen, welche mit einer schlaffgespannten Membran durchsetzt sind, bei welchen also ein Durchziehen der Luft unmöglich
ist, dennoch solche unsymmetrische Formen auftreten. Die
Schwingungsform c Fig. 25 wird aber auch dadurch wahrscheinlich, dass auch im Knoten des Grundtones noch eine beträcht-

liche Excuraion der Flamme, also due Vorhandensein der Octave in beträchtlicher Intensität nachweisbar ist.

Noch durch einen andern Versuch lässt sich die Form c bestätigen. Man stelle eine Schmetterlingsflamme so vor das offene Ende der Pfeife, dass die Flammenfläche zur Pfeifenachse senkrecht steht. Wenn die Pfeife tönt, sieht die Flamme wie verdoppelt, wie in zwei zu einander fast parallele Blätter gespalten aus. Sie schwingt nämlich in der Richtung der Pfeifonachse. Stollt man sich ziemlich hoch über die Flamme, mit dem Auge in ihre Ebene, so bietet sie fast den Anblick wie das Schwingungsfeld einer glänzenden Saite. Wir stimmen nun eine etwas seitwärts über der Flamme parallel der Pfeifenachse gespannte dicke Saite unison mit der Pfeife und bringen boide Schwingungsfelder mit dem Auge zur Deckung. Sofort erscheinen Lissajous'sche Figuren, die sich sämmtlich durch Annahme der Form c gut interpretiren lassen.

Man kann hiernach sagen, dass die transversalschwingenden Flammen sich recht gut zur Bestimmung der Luftexcursionen also zu Schallintensitätsmessungen und wenigstens zur beiläufigen Untersuchung der Schwingungsform eignen.

9.

Nachträglich sei hier eine hübsche Combination der erwähnten Spiegelkapsel mit den tönenden Flammen erwähnt. Man versorge die Spiegelkapsel und die Flamme durch dieselbe Pfeife mit Schall. Die transversal schwingende Flamme durch den schwingenden Spiegel betrachtet zeigt nichts Besonderes. Man kann die Flamme durch den isochron schwingenden Spiegel in die Länge, in die Breite ziehen oder auch verschmälern, wie

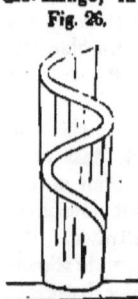
Fig. 26.

dies selbstverständlich ist. Sehr instructiv ist aber der Anblick einer König'schen Flamme im schwingenden Spiegel, wenn man die Schwingungsachse des Spiegels parallel zur Flamme stellt. Die Flammentheile steigen aufwärts, während sie durch den Spiegel horizontal hin und hergeführt werden, wodurch man einen Einblick in den Verlauf des Processes bekommt. Die Flamme sieht aus wie das spiralförmig eingerollte Blatt einer Schwertlilie mit dickerem hellerem Rand. Man sieht hieraus, dass ein

leuchtender Gasklumpen in der König'schen Flamme aufwärts
steigt, der sich allmälig verzehrt, diesem folgt periodisch und
regelmässig ein zweiter, dritter u. s. w. Dass der Vorgang
wirklich dieser ist, werden wir noch durch ein anderes Verfahren sehen.

Die stroboskopische Methode.

1.

Ueberall, wo es darauf ankommt, sehr rasche Vorgänge,
welche nicht direct beobachtet werden können, zu untersuchen,
hat man den Weg eingeschlagen, diese Vorgänge mit anderen
bereits bekannten von vergleichbarer Schnelligkeit so zu
combiniren, dass ein beobachtbares Resultat zu Stande kommt.
Aus dem Resultat und der einen bekannten Componenten erschliesst man dann die andere noch unbekannte Componente
des Vorganges. Auf diesem Princip beruht Wheatstone's
rotirender Spiegel, die Lissajou's'che Methode der Schwingungsfiguren, die graphische Methode und so auch die stroboskopische Methode, welche alle nicht so wesentlich von einander
verschieden sind, als man sich dies zuweilen vorstellt.

Die stroboskopische Methode hat den Vorzug, dass man
die Vorgänge direct beobachten kann. Ihre Geschwindigkeit
ist scheinbar so herabgesetzt, dass sie dadurch der directen Beobachtung zugänglich werden. Alles aber, worüber nicht der
unmittelbare Augenschein Aufschluss gibt, wie über Lagen und
Formen, lehrt die stroboskopische Methode nur auf schwerfällige
Weise kennen. Es müssen nämlich neben der stroboskopischen
Methode noch eigene Methoden zu quantitativen Bestimmungen
angewandt werden, gerade so als ob die stroboskopische Methode
gar nicht zur Anwendung gekommen wäre, und als ob man hinreichend langsame Vorgänge erst vom Grund aus zu untersuchen hätte. Ein Blick auf eine Lissajou's'che Figur lehrt
oft mehr, als die beste stroboskopische Darstellung. Die stroboskopische Methode hat grosse Vorzüge, wenn es sich um die
Demonstration der Vorgänge handelt. Hat man aber andere Ziele,
so kann erst in jedem speciellen Fall entschieden werden, ob
ihre Anwendung von Vortheil ist oder nicht.

Das Princip der stroboskopischen Methode ist folgendes.

Ein Körper, der sich in einer raschen periodischen Bewegung
befindet, wird periodisch beleuchtet oder auf eine andere Weise
sichtbar gemacht. Stimmt die Periode der Bewegung mit der
Periode der Beleuchtung genau überein, so erblicken wir den
bewegten Körper stets in derselben Phase, wir glauben ihn
ruhend zu sehen. Ist die Periode der intermittirenden Beleuchtung etwas länger als jene der Bewegung, so ist bei jedem
folgenden Beleuchtungsmoment der Körper nicht nur in die
Phase des früheren Beleuchtungsmomentes zurückgekehrt, sondern sogar etwas weiter gegangen, so dass wir den Körper bei
edem folgenden Beleuchtungsmoment in einer späteren Phase
sehen. Der Körper scheint demnach seine ganze Bewegung
in der natürlichen Folge durchzumachen. Ist die Beleuchtungs-
periode etwas kürzer als die Bewegungsperiode, so scheint sich
der Körper umgekehrt zu bewegen als er sich wirklich bewegt.
Die scheinbare Bewegung des Körpers findet offenbar desto langsamer statt, je kleiner der Unterschied ist zwischen der Beleuch-
tungsperiode und der Bewegungsperiode.

2.

Fig. 27.

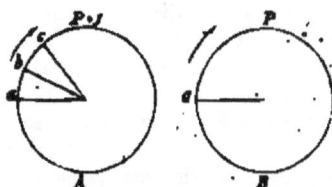

Um uns das Quantitative
dieser Vorgänge deutlich zu
machen, stellen wir uns die periodische zu beobachtende Bewegung als eine Kreisbewegung A in Fig. 27 vor. Ebenso soll
die Bewegung des Apparates,
welcher die intermitlirende Be-
leuchtung besorgt, als eine Kreisbewegung B vorgestellt werden.
Erstere Bewegung finde $p + 1$ mal in derselben Zeit statt, in
welcher letztere p mal stattfindet. Wenn also die Bewegung A
mit der Lage a beginnt und auf diese ein Lichtblitz in a in B
fällt, so wird, wenn B wieder in a anlangt und einen Lichtblitz
gibt, A etwa bis a zurück und noch etwas weiter bis b gelangt
sein. Beim zweiten Umlauf von B gelangt A etwa bis c u. s. f.
Es wird also A scheinbar einen vollen Umlauf, eine stroboskopische Schwingung ausgeführt haben, jedesmal wenn es um eine
Schwingung mehr gemacht hat wie B. Macht also B in der Secunde p Schwingungen, A aber $p + 1$ Schwingungen, so findet
eine stroboskopische Schwingung in der Secunde statt. Nehmen
wir bei A und B die $m$fache Schwingungszahl an, also $n' =$

$mp + m$ und $n = mp$, so ist $m = n^1 - n$ die Zahl der stroboskopischen Schwingungen in der Secunde. Die Sache verhält sich ebenso, nur scheint sich der Körper umgekehrt zu bewegen, wenn $n_1 < n$ ist. Der Grundsatz ist allgemein anwendbar, so lange ·die grössere Schwingungszahl durch die kleinere dividirt einen Quotienten gibt, welcher der Einheit sehr nahe kommt. Die Erscheinung ist eigentlich dieselbe, wie· diejenige, welche die ersten Weltumsegler überraschte. Der Weltumsegler, der im Sinne der Erdrotation reist, gewinnt bei· jeder Umsegelung · stroboskopisch einen Tag, während der .umgekehrt Reisende. einen Tag verliert.

Wie verhält sich die Sache, wenn die beiden Schwingungszahlen nicht nahezu gleich sind? Nehmen wir zunächst an auf $r p$ Schwingungen von A fallen genau $s p$ Schwingungen von B, von welchen jede in derselben Phase einen Lichtblitz gibt. Dann erscheint A in je r Schwingungen $s$mal beleuchtet und da bei den folgenden r Schwingungen wieder dieselben Phasen beleuchtet werden, so wird A ruhend und $s$fach erscheinen.

Natürlich setzen wir hier voraus, dass $\frac{r}{s}$ sich nicht weiter kürzen lässt. Betrachten wir nun r Schwingungen von A als eine (rfache) Schwingung und eben so s Schwingungen von B als eine· ($s$fache) Schwingung. Dann ist diese rfache Schwingung von A und ·die $s$fache von B von gleicher Dauer.

Lassen wir nun A $rp + r$ und B sp Schwingungen in derselben Zeit ausführen. Es führt dann $Ap + 1$ rfache Schwingungen aus, während Bp $s$fache Schwingungen vollzieht. Demnach wird also in derselben Zeit jedes der s Bilder des A eine ·rfache stroboskopische Schwingung direct oder verkehrt ausführen.

Es sei nun die Schwingungszahl von A gegeben durch $mrp + mr = n^1$ jene von B durch $msp = n$, so ist die Zahl der rfachen stroboskopischen Schwingungen m, oder jene der einfachen mr. Wir finden nun

$$n^1 = mrp \pm mr = \frac{r}{s} n + mr \text{ also}$$

$$\pm mr = n^1 - \frac{r}{s} n$$

Die Schwingungen· finden direct oder verkehrt statt, je nach dem $n^1 \gtrless \frac{r}{s} n$ ist. Hiebei ist $\frac{r}{s}$ dasjenige Verhältniss kleinster ganzer Zahlen, dem $\frac{n^1}{n}$ am nächsten kommt. Man sieht, wie dieser allgemeinere Satz den frühern als speciellen Fall einschliesst.

Der wesentliche Vortheil der stroboskopischen Methode besteht darin, dass die Bewegung des Körpers langsam und continuirlich erscheint. Damit das Erstere zutrifft, darf die Zahl der stroboskopischen Schwingungen $n^1 - \frac{r}{s} n$ nur gering sein. Es ist klar, was nothwendig ist, damit die Bewegung continuirlich erscheint. Die Beleuchtungsblitze können unter allen Umständen die aufeinanderfolgenden Phasen des schwingenden Körpers nur sprungweise zeigen. Diese Sprünge müssen nun klein genug sein, um den Eindruck des Continuirlichen hervorzubringen. Es sollen sich nahezu verhalten $n^1 : n = r : s$. Die Dauer einer sfachen Schwingung von B ist dann (die Secunde als Zeiteinheit genommen) $\frac{s}{n}$. Es heisse nun x der Theil einer rfachen Schwingung, welcher während der Zeit $\frac{s}{n}$ von A ausgeführt wird. Dann haben wir mit Rücksicht darauf, dass $\frac{n^1}{r}$ rfache Schwingungen in der Secunde ausgeführt werden

$$\frac{n^1}{r} : x = 1 : \frac{s}{n} \text{ und } x = \frac{n^1}{s} \cdot \frac{r}{n} = 1 + \frac{n^1 - \frac{r}{s} n}{\frac{r}{s} n}$$

Der Körper A erscheint also bei dem nächsten Beleuchtungsblitz um den Bruchtheil $\dfrac{n^1 - \frac{r}{s} n}{\frac{r}{s} n}$ einer rfachen Schwingung weiter gerückt. Dieser Sprung muss klein ausfallen also $n^1 - \frac{r}{s} n$ klein sein gegen $\frac{r}{s} n$, oder $n^1 - n$ klein gegen n, wenn speciell $\frac{n^1}{n}$ nahe $= 1$ ist.

3.

Wir wollen nun diese Betrachtung noch durch eine graphische Darstellung erläutern. Es sei durch die Zickzackcurve

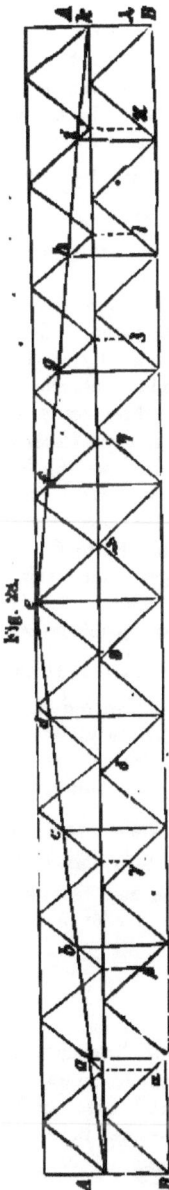

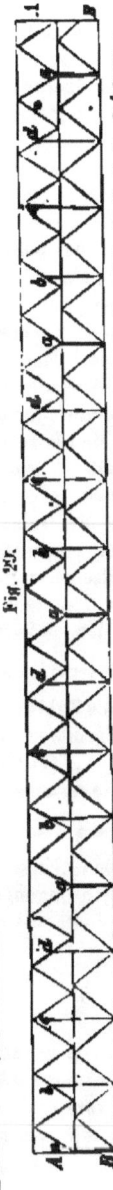

Fig. 28.

Fig. 29.

Fig. 30.

AA Fig. 28 die Schwingung des Körpers A durch die Curve BB jene des Beleuchtungsapparates B dargestellt, wobei die Zeiten als Abscissen nach AA, die Ausweichungen als Ordinaten nach AB aufgetragen sind. Es fallen 11 Schwingungen von A auf 10 Schwingungen von B, so dass also in der Figur eine stroboskopische Schwingung sichtbar wird. Lassen, wir immer den Beleuchtungsblitz auf den Beginn der Schwingung B fallen und bezeichnen die gleichzeitigen Phasen von A, so erhalten wir die stroboskopische Schwingung $abcd \ldots k$. Denkt man sich die Rolle von A und B vertauscht, so macht B ebenfalls eine stroboskopische Schwingung $\alpha\beta\gamma\delta \ldots \lambda$, welche aber wie man aus der Figur sofort sieht, rückläufig ist.

In Fig. 29 fallen auf 20 Schwingungen von A genau 10 Schwingungen von B. Es erscheint also A während einer 5fachen Schwingung viermal beleuchtet und zwar, weil vier und fünf Schwingungen immer genau coincidiren, immer in denselben Phasen. Man sieht also vier ruhende Bilder von $abcd$ von A. Lassen wir nun 16 Schwingungen von B auf 21 von A fallen, so macht jedes der Bilder $abcd$ eine einfache stroboskopische Schwingung rechtläufig durch. Die Schwingung von a ist in Fig. 30 verzeichnet.

4.

Man sieht leicht ein, dass bei ein und derselben Schwingungscom-

5*

66

hination so zu sagen verschiedene stroboskopische Auslegungen der Erscheinung möglich sind. Welche wählen wird und ob es überhaupt eine das Auge wählen kann, das hängt von der Dauer des Lichteindruckes ab. Wir hätten z. B. 201 und 200 Schwingungen in der Secunde combinirt. Wir sind nicht im Zweifel, dass wir eine stroboskopische Schwingung in der Secunde sehen werden. Ein Auge aber, dessen Lichteindruck eine Secunde überdauern könnte, würde 200 ruhende Bilder sehen.

Combinirt man 240 mit 280 Schwingungen, so kann gar kein guter stroboskopischer Effect zum Vorschein kommen. Man kann 40 einfache Schwingungen in der Secunde nicht beobachten. Anderseits stehen die Schwingungszahlen genau in dem Verhältniss 6 : 7. Man könnte also ein 7faches ruhendes Bild erwarten. Allein da eine 6fache Schwingung $\frac{1}{6}$ Secunde währt, so werden die ersten 7 Bilder schon fast erloschen sein, wenn dieselben das zweitemal erscheinen. Es wird ein springendes flimmerndes unruhiges Bild sein, welches man in diesem Fall sehen wird.

Das Verhältniss der Schwingungszahlen ist $\frac{n'}{n} = \frac{r}{s} + \Delta$. Je nach der Wahl der ganzen Zahlen r und s wird auch Δ, die Zahl der stroboskopischen Schwingungen in der Secunde verschieden ausfallen. Sollen nun die Zahlen r, s Δ für die stroboskopische Auslegung brauchbar sein, so muss zunächst die Dauer einer $r$fachen Schwingung also $\frac{r}{n}$ kleiner sein als die Dauer des Lichteindruckes. Ferner wird Δ, wenn die Details der Schwingungen noch gesehen werden sollen, nicht grösser als $+$ $\frac{1}{4}$ oder $\frac{1}{5}$ sein dürfen.

5.

Es wurde bisher eine momentane Beleuchtung oder ein momentanes Sichtbarwerden des zu untersuchenden Körpers vorausgesetzt. Dies trifft z. B. zu, wenn man die periodische Beleuch-

Fig. 30.

tung durch den elektrischen Funken anwendet, welche
von so kurzer Dauer ist', dass sie für akustische Vorgänge
wohl überall unbedenklich angewandt werden kann. Anders
verhält es sich, wenn man rotirende Scheiben mit Löchern
zur Beobachtung anwendet. Dann darf der Lochdurchmesser
nicht zu gross sein gegen den Lochabstand, weil sonst das
Sehen einen beträchtlichen Bruchtheil der Schwingung anhält
und die Bilder verwischt werden. Der gleiche Uebelstand tritt
ein, wenn n' gross ist gegen n. Bei einer Beleuchtung von
merklicher Dauer macht A wieder einen beträchtlichen Theil
seiner Schwingung durch und wird undeutlich.

Zur Geschichte der stroboskopischen Methode.

Die stroboskopische Methode ist nicht so neu, als man
sich zuweilen vorstellt. Sie ist fast ebenso alt als die stroboskopischen Scheiben, welche zu Ende des Jahres 1832 etwas
früher von Plateau[1], etwas später von Stampfer[2] erfunden wurden.

Will man ältere Methoden, welche auf Proceduren beruhen
die der stroboskopischen bloss ähnlich sind, übergehen, so muss
man sagen, dass der erste präcise und klare Vorschlag, die
stroboskopische Scheibe zur Untersuchung rascher periodischer Bewegungen zu benützen, von Plateau herrührt. Nachdem Plateau in einigen Abhandlungen die auf der Dauer des
Lichteindruckes beruhenden physiologisch-optischen Phänomene
untersucht hatte, sprach er den betreffenden Vorschlag aus
in einer Note im Bullet. de l'Acad. de Belgique III. p. 364
(1836), welche ich mir erlaube hieher zu setzen.

Sur un nouveau moyen de déterminer la vitesse et les particularités d'un mouvement périodique très rapide, tel que celui
d'une corde sonore en vibration etc. par J. Plateau.

Le but que je me suis proposé dans cette notice, est simplement de
donner 'une idée de mon appareil et des résultats auxquelles il permet

---

[1] Correspond. math. et physique de l'observ. de Bruxelles VII. 365.
[2] Stampfer die stroboskop. Scheiben. Wien. 1833.

d'arriver; mon intention est de développer ensuite ce cujet dans un mémoire spécial.

Soit un disque noir, en métal ou en carton, percé vers la circonférence d'une série de fentes etroites dirigées suivant les rayons, et egalement espacées. On sait que lorsqu' un appareil semblamble tourne rapidement autour de son centre, comme une roue, l'espace occupé par la série des fentes present l'aspect d'une gaze transparente à travers laquelle on peut voir les objets distinctement. Soit donc notre disque adapté à un mouvement d'horlogerie, disposé de tell manière, que l'on puisse en faire varier la vitesse à volonté; et enfin, tandis que le disque tourne, regardons, à travers, un objet animé d'un mouvement périodique rapide: une corde en vibration par exemple.

Nous pouvons supposer d'abord la vitesse du disque telle, que chacune des fentes passe devant l'oeil à l'instant précis ou la corde se retrouve à une même extrémité de sa vibration. S'il en est ainsi, l'oeil ne pouvant voir la corde que dans des positions identiques (en admettant toutefois pour fixer les idées, que les vibrations conservent la même amplitude), et les fentes se suivant avec assez de rapidité pour que les impressions successives reçues par la retine se lient entre elles, il devra nécessairement en résulter l'apparence d'une corde parfaitement immobile. Maintenant, comme les conditions dans lesquelles j'ai supposé l'instrument permettent de faire varier à volonté la vitesse du disque, il est clair que l'on pourra toujours obtenir l'effet ci-dessus; et comme d'ailleurs les mêmes raisonnements s'appliquent à un mouvement periodique quelconque dont la vitesse est suffisamment grande, il s'ensuit que l'instrument en question donne d'abord le curieux resultat, de faire paraitre complètement immobile un objet animé d'un mouvement très rapide. On pourra ainsi, dans un grand nombre de cas, juger de la forme réelle des objets que leur vitesse empêche de distinguer.

J'ai déjà exposé ailleurs (Supplement au traité de la lumière de Sir. J. F. Herschel traduit par M. M. Verhulst et Quetelet I., II. p. 481 et suiv.) les idées qui precèdent; mais il était nécessaire de les reproduire ici pour l'intelligence du reste de cette notice.

Avant d'aller plus loin, je dois remarquer que pour obtenir l'immobilité apparente de l'objet, la vitesse du disque ne doit pas nécessairement être telle qu'une fente passe devant l'oeil chaque fois que l'objet se retrouve dans la même position; le phénomène se produirait encore evidemment, si un nombre entier quelconque de semblables retours de l'objet avait lieu pendant l'intervalle des passages de deux fentes successives: car, pendant cet intervalle l'objet étant soustrait à la vue, les modifications qu'il peut eprouver ne contribuent en rien à l'effet observé. Il résulte de là qu'il existe, à la vérité, une vitesse limite, savoir celle pour laquelle le nombre des fentes qui passent dans un temps donné est égal à celui des retours de l'objet; mais que, d'un autre côté, les sous-multiples de cette vitesse limite par la suite des nombres entiers, donneront encore le même resultat, du moins tant que la rapidité sera suffisante pour que l'impression paraisse continue. Il sera donc toujours très facile, en faisant varier graduellement la vitesse du disque, d'atteindre l'un ou l'autre terme de la série de celles qui produisent l'immobilité apparente.

Ce qui précède étant admis, supposons maintenant que la vitesse du disque ne représente plus exactement l'un des termes de la série dont il vient d'être question; mais qu'elle n'en diffère cependant que d'une très petite quantité. Alors, si la corde, par exemple, est à l'extrémité de la vibration quand la première fente passe devant l'oeil, elle n'occupera plus tout à fait cette même position lors du passage de la fente suivante, et elle en paraîtra de plus en plus éloignée lors des passages successifs des autres fentes. La corde cessera donc alors de paraître immobile; mais le mouvement dont elle semblera animée sera très lent comparativement à son mouvement réel: on pourra même le rendre aussi lent qu'on voudra, en rapprochant convenablement la vitesse du disque de celle qui produit l'immobilité apparente. Ainsi nous arrivons à cet autre résultat singulier, que l'on peut à l'aide de notre instrument, t r a n s f o r m e r, e n a p p a r e n c e, u n m o u-v e m e n t très rapide en un mouvement de la même nature aussi lent qu'on le désire. Il sera facile alors d'étudier toutes les circonstances du mouvement que sa rapidité empêchait d'analyser par l'observation directe. C'est ainsi, par exemple, qu'en obligeant, par les moyens connus, une corde à se diviser spontanément en un certain nombre de parties vibrant isolément, j'ai pu diminuer à mon gré la vitesse apparent du mouvement, et voir la corde passer avec lenteur plusieur fois de suite, d'une forme ondulée à la forme ondulée opposée.

Il ne reste plus à présent, qu' à pouvoir determiner la v i t e s s e r é e l l e de l'objet: par exemple, le nombre absolu de vibrations qu' une corde actuellement en¹ mouvement exécute par seconde. Rien ne serait plus facile si nous pouvions atteindre avec certitude la vitesse limite du disque, dont j'ai parlé plus haut; car alors tous les retours de l'objet a la même position correspondant à tous les passages de fentes, il suffirait évidemment de connaître le nombre des fentes percées dans le disque, et la vitesse de rotation de celui-ci pour en deduire le nombre de retours de l'objet, qui ont lieu dans un temps donné. Malheureusement, à part quelques cas particuliers, lorsqu' on obtient l'immobilité apparente, il est impossible de savoir quel terme on a atteint dans la serie des vitesses qui produisent le même effet. On parvient cependant au résultat proposé par le moyen de deux observations. L'instrument étant d'abord mis en mouvement avec une vitesse arbitraire, on fait varier avec précaution cette vitesse, jusqu'à ce que l'objet observé paraisse immobile, et l'on note alors le nombre de révolution qui exécute le disque dans l'unité de temps ; l'instrument est muni pour cela d'un compteur. Cela fait, on ralentit graduellement la vitesse, jusqu' à ce que l'objet paraisse de nouveau immobile, et l'on note encore le nombre de revolutions correspondant à l'unité de temps. Si l' on représent par n et n¹ ces nombres de revolutions dans la première et dans la seconde observation, par f le nombre des fentes percées dans le disque et par s le temps qui s'écoule entre deux retours consécutifs de l'objet à la même position; on arrive par des considérations très simples à la formule suivante:

$$ z = \frac{n - n^1}{n\,n^1 f} $$

L'emploi de cette formule suppose seulement qu'en passant de la première des deux observations ci-dessus à la seconde, on a passé aussi d'un

72

terme de la série des vitesses correspondantes à l'immobilité apparente, en terme immédiatement suivant. Or, il est toujours très aise de diminuer la vitesse de l'instrument par degrés assez lents, pour que l'on soit certain, de n'avoir pas négligée un terme intermédiaire.

Ainsi, en résumé, étant donné un objet animé d'un mouvement périodique trop rapide pour que l'oeil reçoive de cet objet une impression distincte, l'appareil que j'ai indiqué permettra: 1° de déterminer la forme de l'objet, en réduisant celui-ci à une apparente immobilité; 2° d'observer toutes les particularités du mouvement, en ralentissant en apparence ce même mouvement autant qu'on le désire; 3° enfin, de trouver la vitesse réelle de l'objet, ou du moins, la durée d'une période de son mouvement au moyen de deux observations est d'une formula.

Je me propose maintenant d'entreprendre, à l'aide de cet instrument une série d'experiences qui feront le sujet du mémoire dont j'ai parlé en commençant cette notice. Je donnerai alors la description détaillé de l'appareil et de la manière de s'en servir.

Man sieht hieraus, dass Plateau nicht nur das Verfahren der Untersuchung akustischer Processe mit Hilfe der rotirenden Scheiben vollständig klar und präcis angegeben, sondern auch einen Versuch an einer schwingenden Saite wirklich ausgeführt hat. Dennoch scheint man die Methode, in der Akustik wenigstens, vollständig wieder vergessen zu haben.

Dies beweist zunächst die neun Jahre später erschienene Notiz von Doppler, in welcher Plateau's Arbeit nicht erwähnt wird. Ich erlaube mir die kurze Doppler'sche Notiz wieder vollständig hieher zu setzen.

Ueber ein Mittel, periodische Bewegungen von ungemeiner Schnelligkeit noch wahrnehmbar zu machen und zu bestimmen.
Von Chr. Doppler[1].

Wenn man einen in periodisch wiederkehrender Bewegung begriffenen Gegenstand, dessen Periode noch keine 0·85 Secunden beträgt, aber bei reisbaren Augen wenigstens 0·5″ nicht übersteigt, mittelst einer mit Oeffnungen versehenen sich drehenden Scheibe betrachtet, und es ist die Umdrehungsgeschwindigkeit dieser Scheibe vollkommen gleichzeitig mit jener beobachteten periodischen Bewegung, so ist klar, dass das beobachtende Auge den Gegenstand immer genau in derselben Phase seiner Bewegung und an demselben Orte erblicken wird, so oft jene Oeffnung an dem Auge vorübergeht. Erfolgen nun diese congruirenden Eindrücke auf das Auge, wie hier vorausgesetzt wurde, innerhalb einer kürzeren Zeit, als die bekannte Nachwirkung eines Lichteindruckes währt, so verschmelzen diese zu einem einzigen andauernden Bilde des bewegten Gegenstandes im Auge des Beobachters. In diesem Falle wird man also den Gegenstand in vollkommener

[1] Abhandl. d. kön. böhm. Gesellschaft d. Wissenschaften. V. Folge, 3 Band S. 779 (1845.)

Ruhe mit seiner ihm eigenthumlichen Form und Farbe erblicken, es mag derselbe an sich in einer rotirenden, hin und hergehenden, oder wie immer verschlungene Bahnen beschreibenden Bewegung begriffen sein, wenn seine Bewegung nur periodisch und genau isochronisch mit der Drehung der Scheibe statt hat. Einfachere Fälle dieser Art wurden zwar schon von mehreren Physikern angeführt, und in der That sind Faraday's und Stampfer's Versuche mit den drehenden Scheiben und Rädern dem Principe nach mit dem bis jetzt erwähnten Vorgange völlig identisch. Allein indem jene verdienten Gelehrten diese Erscheinungen lediglich aus dem Gesichtspunkte interessanter, belehrender und zugleich unterhaltender optischer Täuschungen betrachteten, und nur sehr mässige Rotationsgeschwindigkeiten anwendeten, mussten ihnen nothwendig die nachstehenden Folgerungen und die damit zusammenhängenden Nutzanwendungen entgehen, auf die sie unfehlbar gestossen wären, hätten sie auch nach dieser Seite hin jenen Gegenstand ihrer fernern Aufmerksamkeit gewürdigt. Bei Faraday insbesondere ist dies um so mehr zu wundern, da er sogar Vergleiche anstellt zwischen gewissen Linien, die in Folge von sich drehenden Rädern entstehen, und jenen Bewegungen, wie sie an gewissen Infusorien, den sogenannten Räderthierchen, unter dem Mikroskope beobachtet werden. Wie nahe lag da nicht der Gedanke, die bewegten Räder und Scheiben zur Ermittlung des wahren Sachverhaltes bei bewegten Objecten zu benützen?

Die oberwähnte Erscheinung gilt nämlich für jede, selbst noch so kurz dauernde Periode und für jeden Grad von Geschwindigkeit, mit der sich das Object bewegt. Nun ist es aber bei sehr vielen Gegenständen der Natur und Kunst eben ihre so grosse Geschwindigkeit, die uns entweder sie selbst oder ihre Theile zu sehen verhindert, während wir sie doch kennen zu lernen wünschen, und wieder einanderesmal liegt mehr noch daran die Zeitdauer solcher schneller periodischen Bewegungen selbst kennen zu lernen und zu messen. — Ich erwähne hier nur beispielsweise die Flügelbewegung der Vögel und Insecten, die Bewegung der Räderthierchen und anderer Infusorien, die Wimperbewegungen, jene der vibrirenden Membranen und Saiten u. s. w. — Welche reiche Ausbeute für die verschiedenen Naturwissenschaften lässt sich daher von der glücklichen Ausführung der bier nur mit flüchtigen Worten angedeuteten Idee erwarten! — Um einiges zur Verwirklichung der gemeinten Idee beizutragen, mögen nachfolgende Bemerkungen eine Stelle finden.

Es wurde schon oben bemerkt, dass, wenn die Scheibe mit dem in schneller Bewegung begriffenen Object isochronisch sich bewegt, man dasselbe in vollkommener Ruhe erblickt, nach seinen Umrissen und nach denjenigen Farben, die ihm zukommen. In diesem Falle ist demnach die Umdrehungszeit der Scheibe zugleich das wahre Mass der zur Vollbringung einer Periode nöthigen Zeit. Da nun nun, wie gezeigt werden soll, diese Umdrehungsgeschwindigkeit der Scheibe sehr genau ermitteln kann: so ist auch die Dauer eines Cyclus des periodisch bewegten Gegenstandes hiedurch bestimmt. Allein dieser Erfolg trifft nicht nur dann ein, wenn die Bewegung der Scheibe mit jener des Gegenstandes isochronisch ist, sondern auch bei allen jenen Drehungen derselben, deren Umdrehungszeit ein Multiplum des obigen periodischen Zeitraumes darstellt, insoferne diese die Grösse von 0.36'' nicht übersteigt. Dies folgt ganz einfach daraus, dass

der Erfolg in der That derselbe sein muss, wenn nach jedem 2ten, 3ten
4ten .... mten Bewegungscyclus dieselbe Bewegungsphase in's Auge gelangt, insoferne nur die Zeitdauer der je 2, 3, 4, 5 ... m Perioden nicht
so lange währt, dass hiedurch ein Verschmelzen zu einer einzigen Licht-
empfindung unmöglich würde.— Dieser Umstand ist von der allergrössten Wichtigkeit, denn er erschliesst uns die Möglichkeit, und gewährt die sichere
Aussicht, Bewegungen, die auf der äussersten Grenze ungemein grosser
oder ungemein kurzperiodiger Geschwindigkeiten stehen, der sinnlichen
Wahrnehmung noch zugänglich gemacht zu sehen. Wäre es daher z. B. in
der Ausführung nur möglich, die intermittirenden Gesichtseindrücke bis
auf eine grosse Zahl von 100,000 in der Secunde zu steigern, und auch noch
zu zählen, so liessen sich Bewegungen wahrnehmen, die in Perioden von
nur 0.000005, 0.0000025, 0.00000125, 0.000000625 Secunden u. s. w. einge-
schlossen sind. — Es entsteht nur noch die weitere Frage, was für Erscheinungen
bei den Zwischengeschwindigkeiten und wieder dann stattfinden werden, wenn
die Geschwindigkeit der Scheibe, die periodische des Objectes bereits übertrifft.
Hierauf lässt sich Folgendes erwiedern. Beginnt man mit einer sehr langsamen
Bewegung der Scheibe, so bemerkt man ein anfänglich noch sehr schnelles, bei
zunehmender Geschwindigkeit der Scheibe aber allmälig langsamer werdendes
Vorwärtsgehen im Sinne des bewegten Objectes, gleich viel, ob die Scheibe von
rechts gegen links oder in umgekehrter Richtung gedreht wird. Nimmt die
Geschwindigkeit der Scheibe noch mehr zu, und erreicht sie jene Grösse,
bei welcher die entsprechende Zeit als Multiplum der Periode erscheint,
so tritt für die Beobachtung eine vollkommene scheinbare Ruhe des Objectes
ein. Nimmt die Geschwindigkeit noch mehr zu, so fängt das beobachtete
Object an, scheinbar rückwärts zu gehen, es mag die Scheibe in gleicher
oder in entgegengesetzter Richtung mit dem Objecte sich drehen. Anfänglich ist dieses Rückwärtsgehen ein sehr langsames, bei zunehmender Geschwindigkeit nimmt dieses gleichfalls rasch zu. In solcher Weise wiederholt sich diese Erscheinung so oftmal, als viele Multipla der Periode
zwischen der Periode und dem Bruche 0·35" liegen. Ist daher z. B. die
Dauer einer periodischen Erscheinung 0·07", so gibt es für die Beobachtung
wegen 0·35" : 0·07 = 5, fünf Zeitpunkte, in denen das Object scheinbar sich
nicht bewegt. — Wird die Bewegung der Scheibe mit jener periodischen des
Objectes isochronisch, so tritt zum letztenmale ein scheinbares Stillstehen
des Objectes ein, und jedes weitere Zunehmen in der Geschwindigkeit der
rotirenden Scheibe bringt anfänglich ein langsames, sodann aber ein allmälig zunehmendes Rückwärtsgehen zuwege. — Das hier beschriebene Vor-
wärts- und Rückwärtsgehen findet strenge genommen nur in der Nähe der
erwähnten Stillstandspunkte statt, und kann gleichsam als ein pendelartiges
Hin- und Herschwingen betrachtet werden. Denn bei Geschwindigkeitsver-
hältnissen, die sich als einfache Bruchtheile der statthabenden Periode darstellen, d. h. wo die Geschwindigkeit der Scheibe, von einem der Stillstandspunkte aus gerechnet, genau um die Hälfte, den dritten, vierten oder
fünften Theil u. s. w. einer Periode zunimmt: da zeigt sich das bewegte
Object gleichfalls in Ruhe, aber verdoppelt, verdreifacht u. s. w. überhaupt
vervielfacht in sternförmiger Gruppirung. Dies zeigt sich auch besonders
schön, wenn die Geschwindigkeiten der sich drehenden Scheibe genaue
Multipla der Periode zu werden beginnen. Die geringste Zu- oder Abnahme

in der Geschwindigkeit der Scheibe, die eine solche Erscheinung hervorruft, bewirkt, dass sich die ganze Gruppe langsam vor oder rückwärts zu bewegen scheint. Stellt man diese Beobachtungen mit Kreisscheiben an, denen man durch ein tangentielles Anschlagen mit der Hand Bewegung mittheilt: so sieht man bald das Object in Ruhe, bald in sternförmiger Gruppirung, bald sich langsam vorwärts bewegend, bald sprungweise im Zurückgehen begriffen ohne allen bestimmten Zusammenhang, ohne alles regelmässige Ineinanderübergehen dieser verschiedenpartigen Gestaltungen. Dies kann auch wohl nicht leicht anders kommen, besonders bei sehr kurzzeitigen Perioden, da bei einem solchen Vorgehen man eines jeden Mittels entbehrt, die Bewegungen der Scheiben mit der nöthigen Genauigkeit zu reguliren, und ihren Geschwindigkeiten nach zu messen. — Es ist dies daher zum Gelingen dieser Versuche unerlässlich, weshalb ich unverweilt zur Angabe eines solchen ganz geeigneten Mittels übergehe.

Es frägt sich nämlich vor Allem, wie sich die hier verlangte gleichmässig zunehmende Bewegung der Scheibe bis zu einem sehr hohen Geschwindigkeitsgrad steigern, und in jedem Augenblick der Zustand einer gleichförmig unbeschleunigten Bewegung durch eine beliebige Zeit hindurch herbeiführen lasse. Auch muss dafür gesorgt werden, dass man zu jeder Zeit die Zahl der Umdrehungen der Scheibe ohne alle Schwierigkeit zu ermitteln vermag. Ich stehe nicht an, vor allen ähnlichen Vorrichtungen, mit denen zu diesem Zwecke die Scheibe in Verbindung gesetzt werden könnte, derjenigen den Vorzug einzuräumen, welche von Cagniard la Tour erfunden, und von ihm Sirene genannt worden ist. — Befestigt man nämlich eine mit einer oder einer beliebigen Anzahl äquidistanter Oeffnungen versehene Scheibe an das gezähnte Drehrad dieses Instrumentes, und bringt man dasselbe durch Zuführung von Luft in eine allmälig zunehmende Bewegung, indem man zugleich durch die vor dem Auge vorübereilenden Oeffnungen nach dem in periodischer Bewegung begriffenen Object hinsieht, so wird man die oben erwähnten Erscheinungen mit Musse beobachten können. Der Umstand, dass man schon durch die sich gleich bleibende Tonhöhe auf ein ebenso gleichmässiges Anhalten einer gewissen Rotationsgeschwindigkeit zu schliessen berechtigt ist, und dass man es überdies in seiner Macht hat, in jedem beliebigen Zeitmoment die Anzahl der Umdrehungen durch den damit in Verbindung gebrachten Zählapparat auf das Genaueste zu ermitteln, lässt mit grosser Zuversicht erwarten, dass Zeitbestimmungen, die durch dieses Mittel zu Stande kommen, einen hohen Grad von Verlässlichkeit besitzen werden.

Obschon nun der unmittelbaren Anwendung dieses Mittels sowohl bei Untersuchungen mit dem unbewaffneten Auge als bei Untersuchungen mit dem Mikroskope, der Camera obscura, oder selbst mit dem Fernrohre durchaus auch von praktischer Seite kein Hinderniss entgegensteht, indem man dessfalls je nach Umständen die rollende Scheibe bald vor dem Objective, bald vor dem Oculare anzubringen vermag: so steht doch kaum zu bezweifeln, dass nachfolgende Anordnung in den meisten Fällen den Vorzug verdienen dürfte. — Es ist nämlich für die beabsichtigte Wirkung unläugbar völlig einerlei, ob der beobachtete Gegenstand von einer permanenten Lichtquelle erleuchtet, und nur die Wahrnehmung desselben periodisch unterbrochen wird, oder ob die Wahrnehmung an sich eine fortdanernd ungehinderte, die Beleuchtungsquelle selbst dagegen eine periodisch intermittirende ist. Um aber eine Lichtquelle ihrer Wirkung nach zu einer periodisch intermittirenden zu machen, hat man nur nöthig, die rotirende Scheibe unmittelbar vor der Lichtquelle selbst anzubringen, und dafür Sorge zu tragen, dass dem Objecte nur durch die Oeffnung der Scheibe allein Licht zukomme. — Bedingungen, die, es mag sich nun um eine Beleuchtung durch Tages- oder Lampenlicht handeln, jederzeit sich unschwer werden erfüllen lassen. —

Und so dürfte es denn durch richtige Anwendung einer rotirenden Scheibe, zumal als das geeignetste Mittel zur Herbeischaffung intermittirender Erleuchtungsquellen, den Forschern möglich werden, Gegenstände, die wegen ihrer ungemein schnellen periodischen Bewegung sich bisher aller genaueren Beobachtung entzogen, künftig mit der nöthigen Musse zu betrachten, und die Dauer ihrer Periode mit einem Grade von Genauigkeit zu bestimmen, der sie den feinsten Massbestimmungen anreihen wird.

Das Doppler die Note Plateau's gekannt habe, lässt sich bei Doppler's Ehrlichkeit nicht annehmen. Ausserdem finden sich aber viele neue Ideen in der Doppler'schen Abhandlung. Er will die rotirende Scheibe nicht auf ein Uhrwerk setzen, sondern auf eine Sirene, will sie mit Fernrohr und Mikroskop verbinden und zur intermittirenden Beleuchtung anwenden.

Plateau hat (Pogg. Ann. LXXVIII 1849) gegen Doppler reclamirt und gesteht Doppler bloss die Priorität des Gedankens der intermittirenden Beleuchtung zu. Offenbar sind aber auch die oben angeführten Ideen bei Doppler neu, da sich dieselben in Plateau's Abhandlung nicht finden. Dass sie wichtig sind, hat die Folge gelehrt.

So wurden dieselben Gedanken dreimal (1836, 1845, 1849) dem wissenschaftlichen Publicum vorgeführt und blieben dennoch unbeachtet. Nehmen wir die Versuche mit Waaserstrahlen von Savart [1] und Magnus [2] aus, so hat die stroboskopische Methode bis auf die neueste Zeit keine Anwendung zu wissenschaftlichen Untersuchungen gefunden. Wenigstens der Akustik blieb sie ganz fremd, was um so mehr auffällt als Müller (in Freiburg) die stroboskopischen Scheiben zur Darstellung der Wellenbewegungen benützte (Pogg. Ann. Bd. LXVII 1846) und nun der Gedanke doppelt nahe lag an die Stelle der gemalten Saite oder Pfeife eine wirkliche zu setzen.

Vielleicht sind auch solche Versuche öfter vorgenommen und ihrer Schwierigkeiten wegen wieder aufgegeben worden. Solche negative Resultate werden dann nur ausnahmsweise bekannt. So

[1] Ann. de Chim. et de Phys. T. 53 p. 337.
[2] Pogg. Ann. Bd. 106 S. 1.

erwähnt z. B. wenn ich mich recht erinuere Harting (in seiner Lehre vom Mikroskop) eines misslungenen Versuchs mit Hilfe rotirender Scheiben die Flimmerbewegung zu beobachten. Ich selbst habe schon im Jahre 1865 in Graz bei Gelegenheit meiner physiologisch-optischen Experimente mit rotirenden Scheiben einige und zwar gelungene Versuche angestellt, akustische Bewegungen stroboskopisch zu beobachten, was ich mir nicht zu besonderem Verdienst anrechnen kann, da mir die Doppler'schen Vorschläge bekannt waren. Ich dachte dieselben mit mehr Mitteln fortzuführen. Allein diese Mittel kamen nicht und so blieben meine Versuche unpublicirt[1]), als im Jahre 1866 Töpler's Abhandlung erschien, und dieselben nichts wesentlich Neues mehr bieten konnten. Es soll auch davon nicht weiter die Rede sein.

Töpler hat in der That zuerst eine grössere nach der stroboskopischen Methode durchgeführte Versuchsreihe publicirt So sehr man darin einerseits die Feinheit und Sorgfalt der Versuche anerkennen muss, so findet man doch anderseits, dass es fast durchaus Plateau'sche und Doppler'sche Vorschläge sind, welche Töpler ausgeführt hat. Die Töpler'sche Abhandlung befindet sich bekanntlich in Pogg. Ann. Bd. 128 S. 108 und dieser folgt unmittelbar eine zweite, in welcher die stroboskopische Methode zur Untersuchung der singenden Flamme angewandt wird.

In Prag habe ich nun, als Herr Neumann seine Versuche über gestrichene Saiten im dortigen Laboratorium ausführte, mich wieder mit der stroboskopischen Methode beschäftigt. Ich habe die Methode der rotirenden Scheiben, als in den meisten Fällen unpraktisch, verlassen und einen andern Weg eingeschlagen. Statt den Apparat nach dem Körper zu stimmen, schien es mir einfacher einen Apparat mit fester Periode zu verwenden und den zu untersuchenden Körper passend auszuwählen und abzustimmen. Wirklich fallen damit alle Regulirungsschwierigkeiten, mit welchen Töpler und wie es scheint auch alle früheren Beobachter zu kämpfen hatten, weg. Ich wandte eine elektromagnetische Stimmgabel als Lichtunterbrecher an.

In der That hat Herr Dr. Neumann mit diesem Apparat eine gelungene Versuchsreihe ausgeführt und in seiner Abhand-

---

[1]) Dieselben wurden nur bei Gelegenheit einer im Jahre 1865 gehaltenen populären Vorlesung erwähnt.

lung auch einige Methoden der stroboskopischen Selbstregulirung (von welchen später die Rede sein wird), welche er auf meine Veranlassung angewandt hat, beschrieben. Diese Abhandlung Neumann's wurde der Wiener Akademie am 20. Jänner 1870 (Akadem. Anzeiger 1870 Nr. 3) vorgelegt und im 61. Bande der Sitzungsberichte abgedruckt.

Ich selbst habe zwei Noten an die Wiener Akademie gerichtet, in welchen die ersten Resultate meiner wieder aufgenommenen Beschäftigung mit der stroboskopischen Methode kurz angegeben waren. Sie folgen hier vollständig.

Wiener akademischer Anzeiger 1870 Nr. 1 (Sitzung vom 7. Jänner).

Das c. M. Herr Prof. E. Mach übersendet folgende vorläufige Mittheilung über einen Apparat zur Beobachtung der Schallbewegung:

„Der von mir construirte Apparat, beruht auf dem von Plateau und Doppler angegebenen von Andern und mir bereits vielfach verwendeten Princip der stroboskopischen Scheiben. Derselbe möchte jedoch einige vortheilhafte Eigenthümlichkeiten haben. Eine Helmholtz'sche Unterbrechungsgabel trägt an einem Zinkenende ein kleines Blechstückchen mit einem feinen Schlitz. Hart an diesem Blechstücke befindet sich ein grösserer fixer Blechschirm, der ebenfalls mit einem feinen Schlitz versehen ist. Beide Schlitze decken sich, wenn die Zinke mit der grössten Geschwindigkeit durch die Gleichgewichtslage geht. Ein Heliostat wirft das Sonnenlicht auf eine grosse, im Fensterladen eines verfinsterten Zimmers eingesetzte Sammellinse und der Brennpunkt dieser Linse liegt im Schlitz des fixen Schirmes. Man kann nun mit diesem noch immer sehr intensiven intermittirendem Lichte schwingende Körper beleuchten und dieselben direct mit beiden sehr nahe gebrachten Augen beobachten, was grosse Vortheile bietet.

Ich habe auf diese Weise die mit Salmiakrauch geschwängerte Luft in Resonanzröhren von 256 und 512 halben Schwingungen sehr schön longitudinal schwingen gesehen. Die Excursionen der Rauchflocken betrugen am offenen Ende der tieferen Röhre 1·5ᵐᵐ und darüber, bei der höhern Röhre etwa 1ᵐᵐ. Die gegenwärtige Seltenheit des Sonnenlichtes nöthigt mich, da die Untersuchung sich wohl länger hinziehen wird, mich auf diese kurzen Angaben zu beschränken.

Der Apparat wurde mit grosser Geschicklichkeit von meinem Assistenten Herrn Cl. Neumann angefertigt.

Wiener akademischer Anzeiger 1870 Nr. 6 (Sitzung v. 17. Februar).

Das c. M. Herr Prof. E. Mach in Prag übersendet eine weitere Mittheilung: „Ueber die Beobachtung von Schwingungen".

Man erhält ein sehr einfaches Vibroskop, wenn man eine Reihe König'scher Brenner in die Seitenwand einer Orgelpfeife einsetzt. Macht man die Flammen sehr klein, so leuchten sie fast nur momentan periodisch auf und es lassen sich die Schwingungen von Stimmgabeln, Saiten, Pfeifen etc. bei dem Lichte dieser Flammen sehr schön und scharf beobachten.

Die Kundt'schen Staubwände sieht man auf diese Weise in einer gläsernen Orgelpfeife hin- und herschwingen. Man kann die Luft in der Pfeife auch mit sehr feinen Querlinien überziehen auf folgende Weise. Ein Platindraht ist an der obern Wand der horizontalen Pfeife der ganzen Länge nach durch das Rohr gezogen. Derselbe wird mittelst eines Dadeschwämmchens mit Schwefelsäure bestrichen, welche auf dem Drahte eine Reihe regelmässiger Tröpfchen bildet. Beim galvanischen Erhitzen des Drahtes sinken nun die Tröpfchen als feine Dampflinien quer durch die Pfeife herab.

Man kann die in die Seitenwand einer Pfeife gesetzten Brenner mit den Spitzen durch die Seitenwand einer andern Pfeife in dieselbe quer hineinragen lassen. Tönt die erste Pfeife, so zeigen die Flammen bekannte Erscheinungen. Tönt die zweite Pfeife, so verbreitern sich die Flammenbilder; sie schwingen nach der Länge der zweiten Pfeife hin und her. Tönen beide Pfeifen und geben sie Stösse, so erhält man den Eindruck einer Longitudinalwelle, indem die durch die zweite Pfeife oscillirenden Flammen vermöge der Wirkung der ersten immer in andern Lägen aufleuchten. Die feineren Details deuten auf sehr merkwürdige Eigenthümlichkeiten der Luftbewegung, die sich nicht kurz beschreiben lassen.

Es bleibt mir als Ergänzung zur ersten Mittheilung zu erwähnen, was ich damals übersehen hatte, dass bereits Töpler Versuche mit einer gewöhnlichen Stimmgabel mit Schlitzen angestellt, dieselben jedoch der Schwierigkeiten wegen wieder aufgegeben und die rotirenden Scheiben bevorzugt hat. — Ich habe meinen Apparat auch so eingerichtet, dass man die durch die elektrische Gabel selbst erregten Schwingungen beobachten kann, wodurch alle Regulirungsschwierigkeiten vollständig wegfallen. Die Sammellinse sammt der fixen Spalte wurde zum Heben und Senken eingerichtet. Man macht sich die Bewegung in einem beliebigen Tempo mit der Hand sichtbar, indem man durch Heben und Senken der Spalte verschiedene Phasen beleuchtet.

Setzt man statt der fixen Spalte nach dem Vorgange Töpler's ein Fernrohr, dessen Objectiv aber (der Helligkeit wegen) durch ein Spaltensystem bedeckt ist, über dem sich ein zweites Spaltensystem an der Stimmgabel verschiebt, so eignet es sich vorzüglich zu subjectiven Beobachtungen.

Diese Notizen enthalten, wie man sieht, in so ferne einen wesentlichen Fortschritt, als darin die stroboskopische Scheibe durch einen permanent tönenden Körper wie die Helmholtz'sche Unterbrechungsgabel oder die Orgelpfeife mit den König'schen Brennern ersetzt erscheint. Ausserdem sind daselbst die Luftschwingungen sichtbar gemacht und der Gedanke der stroboskopischen Selbstregulirung ist deutlich ausgesprochen. Natürlich waren damit meine Bestrebungen nicht abgeschlossen.

Ich versuchte z. B. ob die durch einen Ruhmkorff'schen Apparat in der Geissler'schen Röhre erzeugten Lichtschichten durch die Schläge eines zweiten Ruhmkorff bewegt werden können. Zu diesem Zwecke waren die beiden Ruhmkorff's mit zwei etwas gegen einander verstimmten Helmholtz'schen Gabeln als Unterbrechern verséhen. Diese, übrigens bald aufgegebenen, Versuche blieben ohne Resultat. Sie sollten jetzt mit besseren Mitteln wieder aufgenommen werden. Auch das Tönen der Röhre, während sich die Lichtschichten in derselben befanden, gab kein Resultat.

Als hübsche Vorlesungsversuche, die sich hiebei ergaben, erwähne ich bloss folgende zwei. Verbindet man die ungleichnamigen Pole, der beiden etwas gegen einander verstimmten Ruhmkorff's mit demselben Ende der Geissler'schen Röhre, so geben die Gabeln starke Schwebungen, während die Geissler'sche Röhre bei jeder Tonschwächung aufleuchtet, bei jeder Tonverstärkung erlischt. Die Erklärung ist selbstverständlich. — Die Lichthülle des Ruhmkorfffunkens, welche man noch durch Auflegen von Staniol oder Kochsalz auf die Electroden heller machen kann, verhält sich vor der Pfeifenmündung, wie eine transversal schwingende Flamme. Sie wird durch die Schwingung hin und hergeführt und erscheint bald auf der einem, bald auf der andern Seite der Funkenbahn.

Zugleich beschäftigte ich mich mit rein optischen Methoden zur Untersuchung der Luftschwingungen, welche später zur Sprache kommen, mit welchen ich aber die stroboskopische Methode wieder verliess. Ueber alle diese Versuche erschien keine Mittheilung, da sie wegen der hier folgenden Note von Töpler und Boltzmann auf längere Zeit zurückgelegt wurden.

Wiener akademischer Anzeiger 1870 Nr. 9
(Sitzung vom 24. März).

Herr Prof. J. Stefan w. M., übergibt eine vorläufige Mittheilung: „Ueber ein neue experimentelle Methode, die Bewegung tönender Luftsäulen zu analysiren", von den Herren Professoren A. Töpler und L. Boltzmann in Graz.

Die vortheilhaften Resultate, welche von Töpler bereits vor vier Jahren durch Anwendung des stroboskopischen Principes auf die Untersuchung von schwingenden Körpern erzielt wurden, liessen erwarten, dass eine Methode gefunden werden könne, nach welcher der Bewegungszustand einer tönenden Luftsäule in allen Phasen einer Schwingung ermittelt werden kann.

Boltzmann machte den Vorschlag, zwei Strahlen von ein und derselben intermittirenden Lichtquelle, von welchen der eine durch Luft von normaler Beschaffenheit, der andere aber in passender Weise durch eine tönende Pfeife gegangen, zur Interferenz zu bringen. Es muss beim Tönen der Pfeife eine stroboskopische Bewegung der Interferenzstreifen entstehen, aus deren genauer Messung auf den thatsächlichen Bewegungsvorgang in der Luftsäule geschlossen werden kann.

Der Vorschlag hat sich als erfolgreich in einem von T ö p l e r constfruirten Apparate erwiesen, welcher im Wesentlichen die folgende Einrichtung hat. Jede Zinke einer elektromagnetisch erregten und leicht regulirbaren Stimmgabel trägt einen kleinen Spaltenschirm; die schwingenden Spalten geben die doppelte Excursion der Zinken als Relativbewegung, und lassen nur beim Uebereinandergleiten in ihrer Mittellage die Strahlen eines Heliostaten in den verfinsterten Beobachtungsraum treten. Ausserdem ist die Unterbrechungsvorrichtung so angeordnet, dass die sonst nur kleinen Excursionen der Gabel beträchtlich gesteigert werden können, was bei der Beobachtung mit mehrfachen Vortheilen verknüpft ist.

Das intermittirende Licht gelangt zu einem entfernten Interferenzprisma, nachdem es vorher zur Hälfte oberhalb, zur Hälfte unterhalb der Bodenplatte einer lothrecht gestellten gedeckten Pfeife hindurch gegangen ist. Zwei gegenüberstehende Seitenwände der letzterem sind in diesem Zwecke mit genau planparallelen Glasplatten versehen, welche noch mm Theil über das gedeckte Pfeifenende hervorragen. Die Bodenplatte selbst ist eine dünne geschliffene Eisenlamelle, welche senkrecht zu den Glaswänden hermetisch eingepasst ist.

Die Interferenzstreifen werden durch eine Lupe mit Fadenkreuz beobachtet. Intermittirende Spalte, Bodenplatte der Pfeife und brechende Kante des Prisma, sind natürlich parallel gestellt. Tönt nun die Pfeife, deren Tonhöhe mit der Schwingungszahl der Stimmgabel beliebig nahe gleichgestimmt werden kann, so sieht man die Interferenzstreifen beliebig langsam vor dem Fadenkreuz langsam auf- und abwandern. Die schon direct wahrnehmbare Bewegung der Interferenzstreifen wird endlich dadurch sehr leicht messbar gemacht, dass man den Weg des Lichtes innerhalb und ausserhalb der Pfeife durch Spiegelung verlängert.

Wurde die Pfeife so stark angeblasen, als es ohne Hervortreten der Obertöne zulässig war, und hatten beide Strahlen durch Reflexion 9mal die Dicke der Pfeife (58 ——.) durchlaufen, so rückte die Interferenzerscheinung um 7—8 Streifenabstände auf und nieder. Die Rechnung ergibt hieraus, dass der Unterschied zwischen dem grössten und kleinsten Luftdruck im Knoten unter Rücksicht auf die Temperaturänderung während der Schwingung in obigem Falle $^1/_{90}$ bis $^1/_{10}$ einer Atmosphäre, (K u n d t fand bei einer gedeckten Pfeife durch Manometer $^1/_{10}$ Atmosphäre) ferner, dass die Amplitüde im Bauch der stehenden Schwingung etwas mehr als 3mm betrag.

Es ist sehr wichtig zu bemerken, dass bei hinreichend constantem Luftstrom und genauer Abstimmung von Gabel und Pfeife die stroboskopische Bewegung der Interferenzfigur so langsam und regelmässig verläuft, dass man sie genauer durch Messung verfolgen kann. Unser Apparat ist verbunden mit einem elektromagnetischen Registrirwerk, auf dessen Papierstreifen die Zeitpunkte vom Beobachter markirt werden, in welchem je eine Interferenzlinie durch das Fadenkreuz geht, während ein Pendel auf demselben Papierstreifen Secundenpunkte aufzeichnet. Die Abstände der vom Beobachter markirten Punkte variiren periodisch und geben Aufschluss über die Zustände während des Verlaufs einer Luftschwingung.

Wir veröffentlichen das Obige aus einer schon längere Zeit fortgeführten Beobachtungsreihe, da wir mittlerweile ersehen, dass auch Mach nach der bekannten vibroskopischen Methode intermittirendes Licht benutzt hat, um die Schwingungen von Luftsäulen mittelst darin erzeugter Rauchstreifen zu zeigen. Es bedarf kaum der Erwähnung, dass eine messende Beobachtung bis auf Bruchtheile einer ganzen Schwingung, wie sie durch unsere Methode thatsächlich ermöglicht ist, aus der Staub- oder Rauchbewegung wohl schwerlich mit gleicher Sicherheit herzuleiten sein wird.

Obwohl die von mir eingeschlagene spectroskopische Methode, mit welcher ich mich bereits, wenn auch noch ohne positives Resultat beschäftigt hatte, als die Töpler-Boltzmann'sche Note erschien, auf einem etwas anderen Princip beruht; so interessirte es mich natürlich doch, den Versuch der beiden Herren sofort zu wiederholen. Ich brachte ihn daher in eine Form, in welcher er ohne weitere Umstände und ohne Schwierigkeiten als Schulversuch angestellt werden kann.

Die eine Seitenwand einer vierfüssigen offenen Orgelpfeife wurde der Länge nach vom offenen Ende bis zum Mundstück mit einem etwa 1cm. breiten Schlitz versehen, welcher wieder mit Blech.gedeckt wurde. Die Pfeife wurde nun so vor das Objectiv eines Fernrohr's gestellt, dass die Schärfe jener Blechwand ein Beugungsobject vor dem Objectiv bildete, dessen eine Hälfte das Licht der gewöhnlichen oder stroboskopischen Lichtspalte durch die Luft der Pfeife, dessen andere Hälfte das Licht durch die äussere Luft erhielt. Man konnte nämlich durch die Pfeife der Länge nach hindurchsehen. Deckplatten waren unnöthig, weil beide Oeffnungen in einem Schwingungsbauch lagen.

Das Fernrohr wurde nun so weit ausgezogen, dass man die Beugungsfigur erhielt. Gab die Pfeife den Grundton, so schwangen die innern Young'schen Streifen.

Schlug die Pfeife in die Octave über, so waren die innern Streifen wieder ruhig, weil jetzt das Licht Verdichtungen und Verdünnungen in gleicher Zahl passirte. Die äusseren Young'schen Streifen waren stets ruhig zum Beweis, dass die Schwingungen nicht von der Pfeifenwand, sondern von der Luft herrührten.

Die Töpler-Boltzmann'sche Abhandlung erschien, wie bekannt, später in Pogg. Ann. Bd. 141 S. 321.

Aus diesem historischen Ueberblick ergibt sich nun Folgendes. Der Gedanke der stroboskopischen Methode, so wie auch der erste Versuch nach derselben rührt von Plateau her. Doppler recapitulirt die Plateau'schen Vorschläge und bringt einige neue und wichtige Gedanken hinzu, nämlich die

Verbindung der stroboskopischen Scheibe mit Fernrohr, Mikroskop
und Sirene, so wie die intermittirende Beleuchtung. Die erste
grössere Versuchsreihe, welche als eine Ausführung der Pla-
teau-Doppler'schen Vorschläge zu betrachten ist, publicirt
Töpler. Von Boltzmann rührt die erste Uebertragung des
Fresnel-Arago'schen Princips der Interferentialrefracto-
meter auf die Akustik her.

Was mich selbst betrifft, so ist mir zwar durch ungün-
stige Verhältnisse und Umstände viel von meiner Arbeit ver-
loren gegangen, ich kann jedoch als mein Eigenthum in Anspruch nehmen:

1. Die erste Anwendung der elektromagnetischen Stimmgabel
   als Lichtunterbrecher zum Zwecke der stroboskopischen
   Methode.
2. Die erste stroboskopische Darstellung der Luftschwingungen.
3. Mehrere Vereinfachungen des stroboskopischen Verfahrens.
4. Die Methode der stroboskopischen Selbstregulirung.

Einfache und bequeme Formen der stroboskopischen Methode.

1.

Es liegt, wie bereits gesagt wurde, der Gedanke nahe,
statt eines stimmbaren stroboskopischen Apparates ein Stroboskop mit fixer Tonhöhe herzustellen und darauf den zu untersuchenden Körper zu stimmen. Letzteres ist meist viel einfacher
und leichter.

Dies wird einfach in folgender Weise ausgeführt. Vor dem
Fensterladen des verfinsterten Zimmers befindet sich ein Heliostat, H Fig. 31, welcher das Sonnenlicht auf eine grosse im Fensterladen einge-setzte Sammel-

Fig. 31.

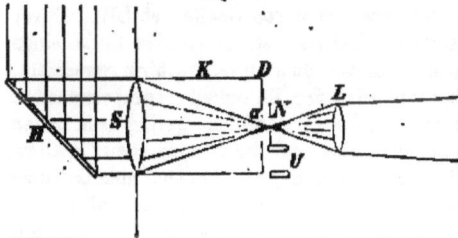

6*

84

linse S wirft. Letztere ist nach der Zimmerseite zu mit einer Kappe
aus Blech K bedecket, deren Deckel D gerade in die Brennweite fällt
und eine Oeffnung a hat, die eben das Sonnenbildchen durchlässt·
Hart hinter D sieht man im Querschnitt die beiden Zinken der horizontalen Unterbrechungsgabel U. Die obere Zinke trägt den mit einer
entsprechenden Oeffnung versehenen Spaltenschirm N. Das
Licht, welches divergirend von a ausgeht, kann hinter der Gabel
wieder durch eine Linse L auf den Raum eingeschränkt werden,
auf dem es nöthig ist. Die Gabel muss grosse Excursionen
machen und die Zinken müssen daher dünn genommen werden.

Die Bewegungen von Saiten, Membranen, Stimmgabeln,
welche nahezu auf die höhere Octave der Unterbrechungsgabel
gestimmt sind, lassen sich mit Hilfe des beschriebenen Apparates
ohne Schwierigkeit. einem ganzen Auditorium demonstriren.
Ueber die Schwingungen des lebenden und todten menschlichen
Ohres, die Dr. Kessel und ich gemeinschaftlich mit Hilfe
dieses Apparates und eines eigenen Ohrenspiegels mit freiem
Auge und mikroskopisch untersucht haben, werden wir in einer
eigenen Schrift Bericht erstatten.

Es sei hier gleich bemerkt, dass man denselben Apparat
noch zu vielen andern Demonstrationen benützen kann. Eine
mit Quecksilber gefüllte Thermometerkugel, die man in dem
Lichtkegel des thätigen Apparates frei herabfallen lässt, erscheint
als eine verticale Reihe glänzender Punkte, welche mit zunehmender Tiefe immer grössere Abstände erhalten und die Zu-
nahme der Geschwindigkeit im freien Fall ersichtlich machen.
Aehnliche Versuche lassen sich mit einem Pendel anstellen.

2.

Derselbe Apparat lässt sich auch für subjective Versuche her-
richten. Man beobachtet den zu untersuchenden Körper mit
einem Fernrohr. Das Objectiv des Fernrohrs ist mit einem
Schirme bedeckt, der eine Reihe von Spalten enthält. Davor
befindet sich die Unterbrechungsgabel, deren eine Zinke einen
congruenten Spaltenschirm vor dem Objectivschirm verschiebt.
Die grössere Spaltenzahl wird der Helligkeit wegen verwendet.
Die Spaltenbreite muss selbstverständlich gering sein gegen
die Schwingungsweite der Gabel und die Distanz zweier Spalten.
Natürlich darf bei jeder Schwingung nur zweimal eine Oeffnung
des Systems eintreten und zwar immer, wenn die Gabelzinken
durch die Gleichgewichtslage gehen. Dieselbe Bedingung gilt

auch. für den zuvor beschriebenen Apparat. Doch kann man ohne grossen Schaden die Schirme auch so stellen, dass bei einer grössten Excursionsstellung der Gabel, eine Oeffnung des Systems eintritt. Bei der ersten Stellung erscheinen die auf den Gabelton gestimmten Körper doppelt, die eine Octave höher gestimmten einfach. Bei der zweiten Schirmstellung sieht man auch die auf den Gabelton gestimmten Körper einfach.

Mit Hilfe des eben beschriebenen Apparats habe ich die Formen der vor einer Pfeife befindlichen transversal und longitudinal schwingenden Flammen beobachtet. Wir lernen noch eine einfachere Methode zur Untersuchung derselben kennen.

3.

Nach Vereinfachung der Methode strebend verfiel ich auf die König'schen Brenner als intermittirende Lichtquellen. Macht man die Flammen der König'schen Brenner recht klein, so leuchten sie fast momentan periodisch auf, wenn sie durch eine Pfeife erregt werden.

Eine Anzahl solcher kleiner Flammen auf einer Pfeife stellen nun ein recht gutes Stroboskop vor und machen die Bewegung von Stimmgabeln, Saiten, Membranen etc., welche nahe auf die Pfeife gestimmt sind, recht gut sichtbar. Wiederholt haben wir die Schwingungen des Gehörpräparates auf dem Objecttisch des Mikroskopes beobachtet, indem wir denselben mit dem Hohlspiegelbilde solcher Flammen beleuchteten und das Präparat durch eine nahe gleichgestimmte Pfeife erregten.

Ein hübscher Collegienversuch besteht darin, dass man die erregte Helmholtz'sche Unterbrechungsgabeln mit 5 bis 6 König'schen Brennern beleuchtet, die sich auf einer nahe gleichgestimmten Orgelpfeife befinden.

Als einfachsten Versuch will ich folgenden anführen. Die
Fig. 82.
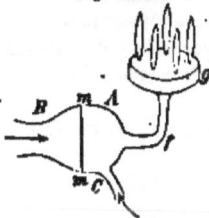
Gaskapsel A eines König'schen Brenners hat zwei Röhrenansätze, das Einströmungsrohr e und das Ausströmungsrohr f. Letzteres versah ich mit einer trommelförmigen Erweiterung, welche 5—6 regelmässige Bohrungen und ebenso viele gleiche kleine Flammen trägt. Beobachtet man nun bei dem Lichte dieser Flammen irgend einen tönenden Körper und singt

durch den trichterförmigen Ansatz *B* gegen die Membrane *mm*, welche den Gasraum abschliesst, nahe den gleichen Ton, so sieht man die Bewegung des Körpers stroboskopisch und kann sie mit Hilfe der Stimme bei einiger Uebung reguliren:

4.

In manchen Fällen ist auch eine Umkehrung des Princips der intermittirenden Beleuchtung nützlich — die intermittirende Verfinsterung. Man bringt an die Zinke der Unterbrechungs-gabel ein Glasplättchen, auf welchem ein Strich mit Tusche gezogen ist, der bei der Ruhestellung der Gabel die Lichtspalte schliesst. Eine helle schwingende Saite auf dunklem Grund zeigt mit Hilfe solcher Vorrichtung einen eigenthümlichen Anblick. Das Schwingungsfeld der Saite erscheint hell und auf demselben schwarz ausgespart eine Einzellage der Saite, welche stroboskopisch ihre Bewegung durchmacht. Man sieht unmittelbar, dass diese Art der Darstellung für manche Untersuchungen sehr nützlich sein kann. Näheres hierüber findet man in der oben erwähnten Abhandlung von Dr. N e u m a n n.

Die stroboskopische Selbstregulirung.

1.

Die grössten Schwierigkeiten bei der stroboskopischen Beobachtung bietet immer die Regulirung. Wenngleich diese Schwierigkeiten durch Anwendung eines Apparates mit fixer Tonhöhe schon ungemein vermindert sind, so gibt es doch Fälle, in welchen sie sogar gänzlich beseitigt werden können. Dies gilt zunächst von allen Resonanzversuchen. Der die Resonanz erregende Körper kann zugleich als stroboskopischer Regulator zur Beobachtung des resonirenden Körpers angewandt werden. Oft kann man dem zu beobachtenden Körper selbst das strobo-skopische Geschäft übertragen. Die Details werden durch das Folgende klar.

Man kann zunächst den Stimmgabelapparat so einrichten, dass man mit Hilfe desselben die Bewegungen der Unterbrechungs-gabel selbst und die durch die Unterbrechungsgabel erregten, also mit ihr isochronen Schwingungen beobachten kann.

Die Linse sammt der Kappe *K* des in Fig. 31 dargestellten Apparates wird an dem Fensterladen *F* mit Hilfe einer Schraube von grosser Ganghöhe und einer Kurbel *S* Fig. 33

Fig. 33.

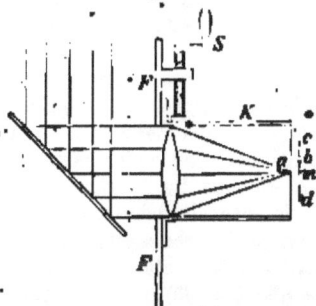

auf und ab verschiebbar gemacht. Die Oeffnung mit dem Sonnenbildchen steigt hiebei auf und ab. Die Schwingungsbahn der Spalte des Stimmgabelschirmes sei durch *cd* vorgestellt. Lässt man nun die Schraube *S* unberührt und wirft man das Licht, welches durch die beiden Spalten bei schwingender Gabel ins dunkle Zimmer fällt, mit Hilfe eines Planspiegels auf die Unterbrechungsgabel zurück, so erscheint letztere vollkommen scharf und ruhig, weil sie sich selbst immer in derselben Phase beleuchtet. Es wird z. B. immer nur die Gleichgewichtslage der Gabel sichtbar, wenn die Oeffnung *a* auf der Mitte *m* der Schwingungsbahn *cd* steht.

Hebt man nun mit der Schraube den Punkt *a* z. B. bis in die Höhe *b* der Schwingungsbahn *cd*, so wird nun diejenige Schwingungsphase der Gabel beleuchtet, welche der Stellung *b* der Schirmspalte entspricht. Lässt man nun durch die Schraube den Punkt *a* die ganze Schwingungsbahn *cd* hin und her durchlaufen, so erhält man die ganze Bewegung der Gabel zur Ansicht so langsam oder so schnell als man will. Hiebei kann man natürlich jede einzelne Phase vollkommen ruhig erhalten, fixiren, wenn man bei derselben eben die Schraube anhält. Eine Theilung am Kopf der Schraube macht es ferner möglich die Schwingung der Gabel in beliebige Bruchtheile zu theilen.

Ebenso kann man die Bewegungen beobachten, welche durch die Unterbrechungsgabel erregt werden. Bringt man die Mündung einer gläsernen Resonanzröhre mit Rauchflocken vor die Gabel, so sieht man diese Flocken sofort schwingen, wenn man die Schraube in Thätigkeit setzt. Das Gleiche beobachtet man, an einer elektrischen Gabel, welche durch die Unterbrechungsgabel erregt ist. Besonders hübsch ist eine Modification des Meld e'schen Fadenversuches. Man befestigt einen Faden direct an der einen Zinke der elektrischen Stimmgabel, zieht

88

das andere Ende über eine Rolle und belastet es mit einem kleinen passenden Gewicht. Das Schwingungsfeld des Fadens bietet dann den bekannten Anblick, nur sind die Schwingungen viel grösser und constanter, als wenn man die Gabel bloss mit dem Fiedelbogen anstreicht. Bei Bewegung der Schraube S' macht aber der Faden langsam seine schwingende Bewegung durch. .

Zu bemerken ist, dass bei den eben beschriebenen Versuchen, wegen des Phasenunterschiedes zwischen der erregenden Stimmgabel und dem erregten Körper, in der Regel zwei Lagen des erregten Körpers zugleich sichtbar sind. Man kann sich dies leicht zurechtlegen. Denken wir uns die Schwingung der Stimmgabelspalte als eine auf die verticale Schwingungsbahn *cd* Figur 34 projicirte gleichförmige Kreisbewegung *A*, die Schwingung des erregten Körpers ebenfalls als eine Kreisbewegung *B*. Steht die Oeffnung *a* (der Fig. 33) auf *m*, so blitzt *A* in *f* und *g* auf. Von *B*. erscheinen zwei um eine halbe Schwingung gegen einander verschobene Bilder *f'* und *g'*, deren Stellung von dem Phasenunterschiede gegen *A* abhängt. Bei der Stellung *b* blitzt *A* in *h* und *i* auf und *B* wird in *h' i'* sichtbar, die nun weniger als eine halbe Schwingung gegen einander verschoben sind. Bei der Stellung *c* blitzt *A* bloss

Fig. 34.

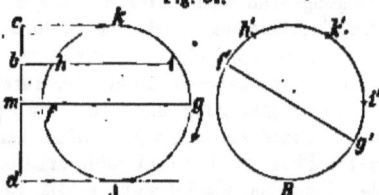

einmal in *k* auf und *B* erscheint einfach in *k'*. Man sieht wie man den getheilten Kopf der Schraube benützen kann, um den Phasenunterschied von Fäden, Resonanzröhren,

Stimmgabeln u. s. w. gegen den erregenden Körper zu messen. Die hieher gehörigen Versuche sind wegen anderer Arbeiten noch nicht ausgeführt worden.

2.

Eine zweite Form der stroboskopischen Selbstregulirung besteht darin, dass man den zu untersuchenden Körper durch eine Sirene erregt und gleichzeitig durch eine auf der Sirenenachse sitzende rotirende Lochscheibe beobachtet. Wir setzen also auf die Rotationsachse der Tonscheibe der Sirene eine geschwärzte Pappscheibe, welche mit aequidistanten radialen

Spalten von gleicher Zahl wie die Bohrungen der Tonscheibe versehen ist, fest auf, so dass beide Scheiben die gleiche Zahl von Umdrehungen machen müssen. Erregen wir nun z. B. ein Gehörpräparat durch den Ton der Sirene, indem wir aus dem Kasten derselben etwa ein gut schliessendes Rohr in den Gehörgang des Präparats führen, und beobachten wir letzteres durch die Spaltenscheibe; so sehen wir das schwingende Präparat scharf und ruhig. Wenn nun der Windkasten der Sirene gedreht wird, während man immer durch dieselbe Stelle der Spaltenscheibe hindurchsieht, oder wenn man mit dem Auge an der Spaltenscheibe herumgeht, während der Windkasten ruhig bleibt, so sieht man das Präparat seine Bewegung durchmachen und zwar nmal bei einer Umdrehung des Kastens oder bei einem Umgang des Auges, wenn n die Lochzahl der Scheibe ist. Man erzeugt nämlich durch diese Procedur eine subjective Schwingungszahlendifferenz zwischen der optischen und der akustischen Scheibe des Apparates.

Bei ruhigem Auge erscheint die stroboskopische Bewegung im wahren Sinne, wenn man den Kasten der Tonscheibe entgegendreht. Bei ruhigem Kasten erscheint sie ebenso, wenn man mit dem Auge der optischen Scheibe nachgeht. Natürlich kann auch mit diesem Apparat jede Phase besonders fixirt werden.

Der Versuch kann schon angestellt werden mit einer gewöhnlichen Sirene, auf welcher man die optische Scheibe befestigt und deren Kasten man mit der Hand dreht. Bequemer ist es jedoch sich eine Sirene anfertigen zu lassen, bei welcher der Kasten durch eine Kurbel mit Zahnwerk für sich drehbar ist, so wie dies S e n e r w a l d an dem oberen Kasten der H e l m h o l t z 'schen Doppelsirene ausgeführt hat.

3.

Mit Hilfe der zuletzt beschriebenen Versuchsanordnung hat Herr H e r v e r t die Formen und Vorgänge der longitudinal und transversal schwingenden Flammen untersucht. Erregt man nun einen K ö n i g 'schen Brenner durch die Sirene und betrachtet die Flamme durch die optische Scheibe derselben, so sieht man, wenn der Kasten der Tonscheibe langsam entgegen gedreht wird, einen feurigen Klumpen wie einen Pilz aus der Brenneröffnung steigen und sich aufwärts bewegen. Derselbe ist nach obenzu flachgedrückt, gegen die Brenneröffnung zu aber wie in eine Spitze ausgezogen. Im Aufsteigen verschwindet der Klumpen allmälig und ihm· folgt ein zweiter, der die gleichen Veränderungen erfährt. Bei langen Flammen und hohen Tönen kann man 2, 3 und vier solche Klumpen zugleich ober der Brenneröffnung wahrnehmen. Man kann so in der einfachsten· Weise ganz ähnliche Erscheinungen beobachten, wie sie Töpler nach seinem Verfahren an der chemischen Harmonica gefunden hat.

Die Formen der transversal schwingenden Flammen wurden auf folgende Art beobachtet. Eine Pappscheibe Fig.· 35· diente zugleich als Ton- und als optischer Apparat. Die Lochreihe a war für die Erregung der Flamme, die Spaltenreihe b zur Beobachtung bestimmt. Ein weites Rohr führt vom Blasebalg bis zur Lochreihe a, wo es sich an die Scheibe anschliesst. Gerade gegenüber auf der andern Seite der Scheibe setzt sich das Rohr fort und ist in einiger Entfernung von der Scheibe durch eine schlaffe Membran abgeschlossen. Ueber dieses geschlossene Ende ist noch ein kurzes Rohrstück gesteckt, welches an dem freien Ende plattgeschlagen ist, also eine· spaltförmige Mündung hat. Vor dieser Spalte steht die Flamme. Der Luftstrom des Blasebalgs versetzt nun die Membran und die Flamme wegen der Unterbrechung durch die Scheibe in Oscillationen. Die Formen, welche die Flamme hiebei annimmt, stimmen mit den vor den Pfeifen erhaltenen überein. Die einzelnen Formen und Lagen der Flamme sieht man, wenn man durch die Spaltreihe b blickend mit dem Auge an der Scheibe herumgeht. Die in der Figur ersichtliche Form der Oeffnungen a wurde gewählt, damit bei dem angegebenen Rotationssinn der Scheibe die Luftstösse mehr die Form einer einfachen Schwingung annehmen.

Fig. 35.

4.

Endlich muss erwähnt werden, dass es in sehr vielen Fällen möglich ist, dem tönenden und zu untersuchenden Körper selbst das stroboskopische Geschäft zu übertragen, welches er natürlich besser und exacter als irgend ein anderer ausführen kann. Das Princip ist einfach folgendes. Man bringe durch den

zu untersuchenden Körper eine intermittirende Beleuchtung
z. B. hervor und sorge dafür, dass man der Beleuchtung einen
beliebigen Phasenunterschied gegen den erregenden Körper zu
geben vermag.

Man hat z. B. eine tönende Pfeife zu beobachten. Dieselbe kann
auch die oben vielfach erwähnte Membranspiegelkapsel in Bewegung setzen. Mittelst des schwingenden Spiegels kann man aber
intermittirendes Licht auf die Pfeife werfen und zwar durch
Drehung des Spiegels in beliebiger Phase.

Eine Saite ist über ein Monochord gespannt, so dass sie
eine Oeffnung im Monochordboden beim Schwingen momentan verschliesst. Diese Oeffnung muss verschiebbar sein. Blickt
man durch diese verschiebbare Oeffnung mit Hilfe eines Spiegels
auf die schwingende Saite, so erscheint jene Lage, welche sie
bei Verschluss der Oeffnung hat, in ihrem Schwingungsfeld
ausgespart. Durch Verschiebung der Oeffnung kann man die
Formen der Saite nacheinander zur Ansicht bringen.

Diese Beispiele sind mehr als genügend. Man sieht hieraus,
dass die stroboskopische Methode eine Beweglichkeit besitzt
und eine Manigfaltigkeit der Form zulässt, welche ihre Brauch-
barkeit wesentlich erhöht. Man wird hiernach nicht in Ver-
legenheit sein, für jeden besonderen Fall der Beobachtung die
für denselben passende Form der Methode zu wählen.

Die stroboskopische Darstellung der Luftschwingungen.

1.

Die Unterbrechungsgabel befindet sich als Lichtunterbrecher
am Fensterladen. Das Sonnenlicht wird nach dem Durchtritt
durch die Stimmgabelspalte durch eine Linse nahe parallelstrahlig
gemacht und in eine nahe auf die Gabel gestimmte offene Orgelpfeife geführt, deren Achse der Lichtrichtung parallel ist. Die
horizontal liegende Pfeife ist in der Mitte nach der Knotenfläche
durchschnitten, daselbst von einer schlaffen Membran durchsetzt und wieder schalldicht zusammengefügt. Eine solche Membran beeinträchtigt den Ton der Pfeife nicht merklich, verhindert aber den Luftzug.

Um nun die Bewegung der Luft stroboskopisch beobachten zu

92

können, handelt es sich darum an der Luft Marken anzubringen.
Dies geschieht auf folgende Weise. Die obere und die untere
Seitenwand der Pfeife ist ganz von Holz, die Seitenwände
rechts und links aber, von der Membran bis zum offenen Ende,
sind verglast. An der innern obern Wand der Pfeife ist ein
Platindraht nach der Länge der Pfeife gespannt, welcher am
offenen Ende und in der Mitte der Pfeife an einer äusserlich angebrachten Klemme endigt. Die Klemmen sind durch einen Commu-
tator in leitender Verbindung mit einem Bunsen'schen Element.
Man bestreicht nun den Platindraht mit Hilfe eines an
einem Glasstab befestigten Badeschwämmchens mit Schwefelsäure, welche nach dem Plateau'schen Gesetz in Tröpfchen
zerfällt, die sich ziemlich regelmässig nach Art einer Perlschnur
an dem Draht vertheilen. Wird nun der Draht erwärmt, so
sinken die Tröpfchen als feine Dampflinien quer durch die
Luft der Pfeife herab. Man sieht diese Querlinien sofort stroboskopisch schwingen, wenn man die Pfeife und die lichtunter-
brechende Gabel zugleich tönen lässt.
Die Excursionen am offenen Ende sind merklich grösser
als in der Mitte, sie verschwinden aber auch in der Mitte nicht.
Man konnte ferner beobachten, dass der ganze Querschnitt der
Pfeife merklich die gleichen Excursionen machte. Ein merklicher Einfluss der Wandreibung auf die Luft der Pfeife war
nicht zu sehen. Die Excursionen am offenen Ende konnten an
einem in der Pfeife befestigten Millimetermassstabe abgelesen
werden. Sie betrugen an einer 4füssigen Pfeife 4ᵐᵐ. Ebenso
viel erhielt man durch die bekannte einfache Rechnung aus
der Verbreiterung der transversal schwingenden Flamme im
Endquerschnitt der Pfeife.
Mit den erwähnten Dampflinien lassen sich in der Pfeife
auch Lissajous'sche Figuren erzeugen. Man entfernt die
Sammellinse im Fensterladen und gibt der Kappe K eine
grössere Oeffnung. Auf die Stimmgabelzinke aber setzt man
zwei parallele Spaltenschirme, die nur ein dünnes horizontales
Lichtband durchlassen, welches mit der Gabel zugleich auf und
abschwingt. Die Durchschnitte der Dampflinien und des Licht-
bandes geben Lissajous'sche Figuren, mit welchen die ganze
Pfeife erfüllt scheint.

2.

In der einfachsten Weise gelingt die stroboskopische Darstellung der Luftschwingungen (zum Zwecke der Demonstration)

auf folgende Art.· Man legt zwei nahe gleiche Pfeifen horizontal nebeneinander,· die eine· mit vorglasten Seitenwänden etwas höher, die andere hölzerne etwas tiefer. Die erstere Pfeife ist mit einer Knotenmembran und mit einem Platindraht versehen, auf der obern Wand der zweiten Pfeife stehen 6—8 König'sche·Brenner, deren Flammen man durch das Glas der ersten Pfeife anblickt. Erzeugt man im verfinsterten Zimmer in der ·ersten Pfeife die Dampflinjen, während beide· Pfeifen · tönen, so sieht man die Schwingung dieser Dampflinien sehr schön bei dem Lichte der Brenner. Natürlich müssen zu diesem Zwecke die Flammen klein gemacht werden.· .

3.

Bei dieser Gelegenheit kann·erwähnt werden, dass die Plateau'schen Flüssigkeitshäutchen sich vorzüglich zum Studium der Membranschwingungen eignen. Eine solche Flüssigkeitshaut vor eine 'tönende Pfeife gebracht zeigt meist. mehrere Bäuche. Ein Lichtpunkt, der sich 'in der Membran spiegelt, gibt ·. mehrere glänzende geschlossene Curven. Bei Anwendung der intermittirenden Beleuchtung sieht man die·ganze Bewegung vor sich gehen. Man kann nun leicht sehr verschieden begrenzte ebene und krumme Flüssigkeitsmembranen · darstellen. ·

Diese Membranen haben eine sehr geringe Spannung und resoniren daher hauptsächlich auf sehr tiefe Töne. Stellt man den Umfang eines Quadrates in Draht dar und erzeugt auf demselben eine Haut aus Seifenlösung, so schwingt diese vor einer Pfeife von 128 ganzen Schwingungen als Ganzes hin und her, wenn die Quadratseite weniger als 1cm beträgt. Grössere Membranen theilen sich vor derselben Pfeife in mehrere schwingende Parthien. Welche Ausbiegungen der Membrane von dem Grundton, welche von den Obertönen herrühren, kann man bei der stroboskopischen·Beobachtung leicht unterscheiden. Erstere führen eine Schwingung aus, während die Pfeife mit der Unterbrechungsgabel eine Schwebung gibt. Die Ausbiegungen der Obertöne aber machen 2, 3, 4 .... Schwingungen während · einer Schwebung.·

Bringt man auf einem Drahtring von etwa ·2cm Durchmesser eine linsenförmige Seifenblase, welche in Fig. 36 durch die stark ausgezogenen Linien im Querschnitt dargestellt ist, vor die erwähnte Pfeife, so erhält sie mehrere Auschwellungen.

Man erhält eine Vorstellung von dem Anblick, welchen dann
Fig. 36. die Blase bietet, wenn man in der Figur die dünne
und die punktirte Linie zusammenfasst. Stroboskopisch
sieht man nun leicht, dass die dünn ausgezogene
und die punktirte Form der Blase abwechselnd
auftritt.

Ich erwähne diese Experimente, weil sie vielleicht, weiter verfolgt, zur Beantwortung mancher
Fragen über Membranschwingungen beitragen können.

Mir lagen sie zu weit ab von dem Ziele, das ich
zunächst verfolge.

Bemerkungen über die Interferenzerscheinungen im Spectrum.

1.

Wrede hat (in Pogg. Ann. Bd. 33 S. 353) einen Versuch
beschrieben, welcher in der Folge von hoher Wichtigkeit geworden ist. Wenn man nämlich ein dünnes Glimmerblättchen
krümmt und das Licht der Glanzlinie desselben spectral zerlegt, so erhält man ein Spectrum mit zahlreichen dunklen
Streifen, welche von der Interferenz des an der Vorder- und
Hinterfläche des Blättchens reflectirten Lichtes herrühren. Man
kann auch wie-Stefan es gethan hat, das Glimmerblättchen
als Heliostat verwenden und die Erscheinung objectiv darstellen. Am schönsten ist die Erscheinung nach meiner Er-
fahrung, wenn man vor das Ocular des Beobachtungsrohres
am Spectralapparat ein gutes Glimmerblättchen nach Art eines
Sömmering'schen Spiegelchens befestigt, so dass das aus dem
Ocular dringende Licht erst durch die Reflexion am Glimmer
ins Auge gelangt. Das im Glimmer gespiegelte Spectrum zeigt
die Wrede'schen Streifen sehr schön und scharf, weil nur ein
sehr kleines (also gleichmässiges) Glimmerstück dabei wirk-
sam ist.

Aus einer Abhandlung von Stefan[1] „über Interferenz des
weissen Lichtes bei grossen Gangunterschieden" ersehe ich nun,

---

[1] Sitzber. der Wiener Akademie. 50. Bd. S. 481 (1865).

dass die hohe Bedeutung der Interferenzerscheinungen. im Spectrum zuerst von Poggendorff[1]) am Wrede'schen Versuch erkannt wurde. Es ist also neben den Verdiensten Fizeau's und Foucault's in dieser Frage auch jenes Poggendorff's zu erwähnen.

Fizeau und Foucault haben das Licht eines durch die Fresnel'schen Spiegel erzeugten Interferenzstreifens spectral zerlegt und haben grössere Gangunterschiede dadurch hervorgebracht, dass sie den einen Spiegel ohne irgend welche Drehung nach der Richtung der Spiegelnormale mit Hilfe einer Schraube vorgeschoben haben.

2.

Handelt es sich bloss um die Demonstration der Erscheinung, so genügt es, einen Interferenzstreifen auf den Spalt des Spectralapparates fallen zu lassen und letzteren alsdann zu verschieben. Es treten dann desto mehr Streifen in's Spectrum, je weiter man sich von der Mitte des Interferenzbildes entfernt.

Eine sehr hübsche und instructive Form des Versuches ist diese: Man stelle vor die verticale mit Sonnenlicht erleuchtete Fensterladenspalte ein Interferenzprisma mit verticaler Kante. Das verticale Interferenzstreifensystem fällt auf einen undurchsichtigen Schirm mit einer horizontalen Spalte, welche das Streifensystem quer durchschneidet. Der mittlere Interferenzstreifen falle auf die Mitte der Spalte. Dann hat das Licht, welches aus der Mitte der Spalte dringt, den Gangunterschied = 0 und dieser Gangunterschied nimmt von der Mitte aus gegen beide Enden der Spalte zu. Stellt man sich nun hinter den undurchsichtigen Schirm und betrachtet. die horizontale Spalte durch ein Prisma mit horizontaler nach unten

Fig. 37.

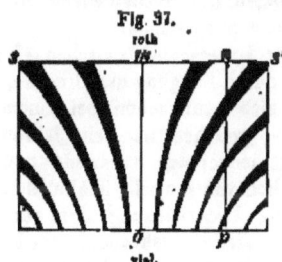

roth
vial.

gekehrter brechender Kante, so wird dieselbe in ein Spectrum mit verticaler Farbenfolge ausgezogen, in welchem das Roth zu oberst, das Violet zu unterst erscheint. Dies Spectrum Fig. 37. ist von einer Anzahl schwarzer Streifen durchzogen, welche gegen die mittlere Verticale der Erscheinung symmetrisch liegen und nach unten zu, gegen das violette Ende convergiren.

[1]) Pogg. Ann. Bd. 41 S. 516.

Dieses Bild kann man nun in zweierlei Weise auffassen. Man kann sagen, das Prisma setzt die verschiedenen monochromatischen Interferenzerscheinungen, welche in der horizontalen Spalte auf einander fallen, unter einander und man sieht nun, dass die violeten Maxima und Minima näher an einander liegen als die rothen. In dieser Hinsicht zeigt also der Versuch das gleichzeitig, was man nach einander sieht, wenn man auf die verticale Spalte vor dem Interferenzprisma mit Hilfe eines Prisma's und einer Linse ein Spectrum entwirft und durch Drehen des Prisma's nach einander verschiedene Farben auf das Interferenzprisma leitet. Man sieht dann wie sich das monochromatische Interferenzstreifensystem erweitert, wenn man mit dem violeten Licht' beginnt und Licht von immer. grösserer Wellenlänge bis zum rothen durchtreten lässt.

Dasselbe Bild lässt aber, wie gesagt, noch eine zweite Auslegung zu. Man kann sagen, das Interferenzlicht in der horizontalen Spalte' wird spectral zerlegt. Die Richtung der Spalte sei durch ss' vorgestellt. Die Mitte m, auf welche der mittlere Interferenzstreifen fällt, wird in ein Spectrum *mq* ohne dunkle Streifen ausgezogen. Eine seitliche. Stelle n aber liefert ein verticales Spectrum np· mit desto mehr Streifen, je grösser der entsprechende Gangunterschied ist.

So. wie der Versuch beschrieben ist, sind die dunkeln Streifen im Spectrum gekrümmt. Man erhält sofort gerade Streifen, welche wieder gegen das violete Ende convergiren, wenn man statt des Prismas in obigem Versuch ein Beugungsgitter mit horizontalen Spalten vor's Auge bringt und damit die horizontale Spalte ss' betrachtet. Dann sind nämlich die Ablenkungen und Wellenlängen einander nahe proportional.

Fig. 38.

Dieser Unterschied zwischen Ablenkung durch Beugung und Brechung äussert sich sehr schön bei einem Versuche, welchen ich seit Jahren als Collegienversuch verwende und der kürzlich von Kundt in ähnlicher Form zur Untersuchung der anomalen Dispersion gebraucht wurde. Ich meine die Kreuzung des Prismas und des Beugungsgitters. Betrachtet man eine kleine runde Oeffnung im Fensterladen durch ein Prisma, mit verticaler

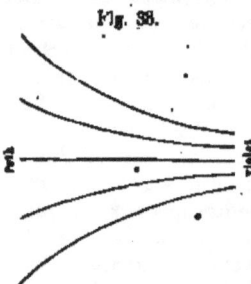

brechender Kante am besten mit kleinem brechendem Winkel, weil man nur so die ganze Erscheinung übersehen kann, und setzt vor das Auge noch ein Gitter mit horizontalen Spalten; so sieht man ein System farbiger Curven, von welchen jede ein vollständiges Spectrum darstellt. Die mittlere Curve ist eine Gerade. Sämmtliche Curven sind an den divergirenden Enden roth, an den convergirenden violet. Die convexen Seiten sind gegen die mittlere Gerade gekehrt. Man ersieht hieraus die eigenthümliche Beziehung zwischen der Wellenlänge und der prismatischen Ablenkung. ●

3.

Will man die spectralen Interferenzen, welche durch Doppelbrechung entstehen, demonstriren, so eignet sich hiezu vorzüglich ein dünner Quarzkeil mit sehr kleinem brechenden Winkel. Man stellt die brechende Kante des Keils horizontal und schaltet ihn zwischen zwei Nicols ein. Das Licht, welches durch dies System hindurchgegangen ist, fällt auf den Spalt eines Spectralapparates. Man erhält ein horizontales Spectrum mit ungleich schief liegenden dunklen Streifen, welche sich einander im Violet am meisten nähern.

Bei allen diesen Versuchen kann man selbstverständlich das Auge durch ein Fernrohr bewaffnen. Sämmtliche Erscheinungen lassen sich natürlich auch objectiv darstellen, indem man bei übrigens unveränderter Anordnung an die Stelle des Auges eine Linse von grösserer Brennweite bringt, welche auf einem Schirm ein reelles Bild entwirft. Freilich fallen die Bilder, wo das Interferenzprisma mitspielt, ziemlich lichtschwach aus.

Noch sei erwähnt, dass bei Betrachtung der erwähnten horizontalen Spalte, auf welche das Interferenzstreifensystem fällt, es sich für subjective Versuche als vortheilhaft erwiesen hat, dieselbe mit einem matt geschliffenen Glase zu bedecken. Es wird dadurch das Gesichtsfeld der Erscheinung etwas grösser und mehr gleichmässig hell, indem im helleren Centrum das Licht etwas gedämpft und dafür das schiefe Licht der seitlichen Stellen für das Auge nutzbar gemacht wird. Natürlich muss bei objectiven Darstellungen das matte Glas wegbleiben.

4.

Warum die Gangunterschiede des Lichtes nur bis zu einer

gewissen Grösse direct merklich sind, oder warum weisses Licht, in dem viele aequidistante Farben gelöscht sind, von gewöhnlichem weissen Licht nicht zu unterscheiden ist, dafür hat meines Wissens Stefan die erste theoretische Erklärung gegeben. Stefan[1]) bemerkt, dass sobald den drei Young'schen Nervenfasern gleich viel Erregung entzogen wird, was bei einer gleichmässigen Vertheilung vieler dunkler Streifen im Spectrum stets zutreffen muss, das betreffende Licht von gewöhnlichem Weiss nicht mehr unterscheidbar sein kann. Wenn man die Young'sche Theorie überhaupt annimmt, muss man auch dieser Erklärung beistimmen.

Ein Verfahren zur Untersuchung der Interferenz bei grossen Gangunterschieden.

1.

Stefan[2]) hat in einer Abhandlung „über eine Erscheinung am Newton'schen Farbenglase" und in einem zweiten Aufsatze „über Nebenringe am Newton'schen Farbenglase" einige eigenthümliche Phänomene beschrieben.

Sieht man gegen das Newton'sche Farbenglas, während man die halbe Pupille mit einem Glimmerblättchen deckt, so bemerkt man auf der unbedeckten Seite eine Anzahl feiner heller und dunkler, von dem System der Newton'schen Ringe getrennter Ringsegmente. Der Radius dieser Segmente ist desto grösser, je dicker das Glimmerblättchen. Solche Ringsegmente sieht man auch, wenn man mit der halben Pupille durch einen Glimmer auf die Ringfigur eines senkrecht zur Achse-geschnittenen einachsigen Krystalls im Polarisationsapparat sieht.

In der zweiten Abhandlung fügt Stefan noch eine andere Darstellungsart der Ringe hinzu. Stellt man ein Nicol so, dass das Farbenglas möglichst dunkel erscheint und bringt dann zwischen Nicol und Glas eine etwa 1—2ᵐᵐ dicke planparallele und achsenparallele Quarzplatte, so erscheinen nun vollständige Ringe, welche die Newton'schen umgeben.

Die Erklärungen, die Stefan für beide Fälle gibt, sind sich

---

¹) Sitzb. d. Wien. Akademie 50. Bd. S. 481.
²) Sitzb. d. Wien. Akademie 50. Bd. S. 185 und 395.

ziemlich ähnlich. Wir wollen jene für den zweiten Fall betrachten. Vom Newton'schen Glase geben zwei Strahlen aus,
ein von der Vorderfläche, und ein von der Hinterfläche der Luft-
schicht reflectirter. Sie mögen mit V und H bezeichnet werden.
Jeder dieser Strahlen theilt sich in der Quarzplatte in einen
ordentlichen und einen ausserordentlichen. Wir wollen den
ordentlichen und ausserordentlichen Strahl, der von V herrührt,
mit Vo und Ve, ebenso die von H herrührenden Strahlen mit
Ho und He bezeichnen. Der Strahl H hat, wenn er an den
Quarz gelangt, einen längern Weg zurückgelegt als V. Stefan
fasst nun das Paar He und Vo, ebenso das Paar Ho und Ve
zusammen. Bedenkt man, dass der ordentliche Strahl im Quarz
rascher geht, so wird der schon bestehende Gangunterschied
für das Paar He, Vo vergrössert, für das Paar Ho, Ve verkleinert. Das Licht, dessen Gangunterschied verkleinert wird,
verursacht nun die Entstehung der Nebenringe, wie Stefan
meint, der übrige Theil des Lichtes trägt nichts dazu bei.

Dagegen ist nur zu bemerken, dass beide l'aare wieder
mit einander interferiren müssen. Freilich ist es, weil die Interferenz auf Addition beruht, gleichgiltig, in welcher Ordnung
man die Strahlen betrachtet, wenn man schliesslich nur alle
zusammenfasst. Das Letztere muss aber auch geschehen, wenn
man Täuschungen entgehen will. Ich werde dann eine etwas andere
Erklärung der Erscheinungen geben, die mir correct scheint.

2.

Zuvor will ich aber einige andere Formen des Versuches
beschreiben. Man kann zunächst statt der achsenparallelen
Quarzplatte im Stefan'schen Versuch auch einen senkrecht
zur Achse geschnittenen Quarz nehmen, den man etwas gegen
die Visirlinie neigt.

Sieht man gegen das Newton'sche Glas durch die Ringfigur eines senkrecht zur Achse geschnittenen Krystalls hindurch, den man in eine Turmalinzange gefasst hat, so erscheinen
die Nebenringe sofort, wenn seitliche Stellen des Newton'schen
Glases durch seitliche Stellen der Krystallfigur gedeckt werden.
Dasselbe zeigt sich, wenn man eine Ringfigur im Polarisationsapparat durch eine zweite Ringfigur, die von einer zwischen
besondere Nicols gefassten Krystallplatte herrührt, betrachtet.
Ferner erscheinen die Nebenringe, wenn der Rand eines
Newton'schen Glases sich an dem Rande eines zweiten

7*

Newton'schen Glases spiegelt. In allen diesen Fällen sind die
Ringe weder kreisförmig noch mit dem centralen System con-
centrisch, aus Gründen, die später von selbst einleuchten werden.

Man kann die Nebenringe noch hervorrufen, indem man
durch ein Fernrohr auf das Newton'sche Glas sieht, nachdem
man vor das Objectiv einen Jamin'schen Compensator gesetzt
hat. Die Ringe lassen sich durch Drehen des Compensators
erweitern oder verengern. In diesem Fall kann man leicht
durch halbe Deckung des Auges durch einen Glimmer zu dem
vorhandenen Nebenringsystem noch ein zweites hinzufügen und
es ist keine Frage, dass man etwa durch Einschaltung einer
Krystallplatte noch ein drittes System herstellen könnte. Eine
solche Vervielfältigung der Systeme gelingt auch bei Krystallplatten. Wenn man über den vollständigen Polarisationsapparat,
welcher eine Ringerscheinung zeigt, eine achsenparallele Quarzplatte und ein Nicol setzt, so erscheint ein Nebenringsystem.
Noch ein Quarz und noch ein Nicol erzeugen ein zweites Nebenringsystem u. s. f.

Die Nebenringe lassen sich auch objectiv darstellen. Entwirft man von dem mit Sonnenlicht beleuchteten Newton'schen
Glas ein reelles Bild durch eine Linse auf einem Schirm, so
zeigt dies bekanntlich die Newton'schen Ringe. So wie nun
das Glas durch eine zwischen zwei Nicols eingeschaltete Quarzplatte hindurch erleuchtet wird, zeigt jenes Bild sofort die
Nebenringe.

Im homogenen Licht, z. B. Natriumlicht, sieht man von
den Nebenringen nichts. Das Newton'sche Glas durch eine
zwischen die Nicols gefasste Krystallplatte betrachtet zeigt die
Fizeau'schen feinen Ringe, über welche hin sich die Ringe
der Krystallplatte bewegen. Eine Erscheinung stört die andere nicht.

Endlich will ich hier noch einen Fall erwähnen, der mit
dem beschriebenen eine äussere Aehnlichkeit hat, thatsächlich
aber von ganz anderer Natur ist. Ein senkrecht zur Achse
geschnittener Doppelspath liegt im Polarisationsapparat bei
gekreuzten Nicols. Wir schieben noch eine 1—2ᵐᵐ dicke
achsenparallele Quarzplatte ein, mit einer um 45° gegen die
Polarisationsebene der Nicols geneigten Achse. Die Doppel-
spathfigur verschwindet und statt derselben erscheinen in jenen
Quadranten, durch welche die Quarzachse geht, vom Centrum
isolirt einige Ringsegmente. Die beiden andern Quadranten sind leer.

Hier wird einfach in den Quadranten, durch welche die Quarzachse geht, jéder Ganguntecschied um dieselbe Grösse vermindert. In einer gewissen Entfernung vom Centrum wird er also = 0, darüber und darunter grösser. Da man aber den Gangunterschied nur bis zu einer gewissen Grösse direct sieht, so bemerkt man nur um den Nullpunkt des Gangunterschiedes herum einige Ringsegmente. In den Quadranten, durch welche die Quarzachse nicht geht, wird der vorhandene Gangunterschied durchaus über die Grenze der Sichtbarkeit vergrössert. Die Erscheinung ist wesentlich dieselbe, welche an Krystallplatten bei Einschaltung einer Viertelundulationsplatte eintritt, nur viel intensiver [1]. Mit den Neberuringen hat sie nur eine äussere Aehnlichkeit. Das Verschwinden der ursprünglichen Figur bildet einen wesentlichen Unterschied.

3.

Ich will nun zu meiner Erklärung der Erscheinungen übergehen. Interferenzlicht von einer gewissen Grösse des Gangunterschiedes oder Licht, in dessen Spectrum eine grössere Zahl aequidistanter Farben gelöscht ist, kann von weissem Licht nicht unterschieden werden. Wenn man nun Licht, welches bereits interferirt hat, nochmals einen Interferenzprocess durchmachen lässt, indem man es abermals in zwei Theile theilt, die man mit einem Gangunterschied zusammenführt, so können bei dem neuen Process natürlich nur die noch nicht gelöschten Lichter mitspielen. Der erste Process bringt dunkle Streifen in's Spectrum, der zweite Process ebenfalls. Die dunklen Streifen der ersten Interferenz müssen aber im Spectrum verbleiben. Demnach werden beide Streifensysteme zugleich im Spectrum erscheinen.

Sind die Gangunterschiede A und B in beiden Processen sehr verschieden, so sind es auch die beiden Streifensysteme und das Spectrum bietet dann den Anblick Fig. 39. Jedes

Fig. 39.

Streifensystem, sowohl a als b entzieht bei genügender Streifenzahl

[1] Dove, Pogg. Ann. 40 Bd.

102

den Young'schen Fasern gleich viel Erregung und das Gleiche thun nun auch beide Systeme zusammen. Das Licht wird wieder von weissem Licht nicht zu unterscheiden sein. Bringt aber das eine Streifensystem eine Farbe hervor, so wird diese durch ein zweites System von grosser Streifenzahl nicht geändert werden, weil dieses die Erregungsverhältnisse der Young'schen Fasern nicht zu alteriren vermag.

Ganz anders verhält sich die Sache, wenn die beiden Gangunterschiede *A*, *B* gleich sind. Bei exacter Gleichheit fallen beide Streifensysteme auf einander. Aendert man nun den einen Gangunterschied z. B. *B* allmälig, so verschiebt sich das eine System über dem andern und die Streifen werden zunächst abwechselnd coïncidiren und alterniren. Im zweiten Fall wird aber das vom ersten System übriggelassene Licht von dem zweiten System sehr beträchtlich geschwächt. Die allmälige Aenderung des einen Gangunterschiedes hat also ein Abwechseln von Helligkeit und Dunkelheit zunächst zur Folge.

Man kann sich die hieher gehörigen Verhältnisse vergegenwärtigen, wenn man ein Spectrum, welches schon etwa 10 dunkle Streifen enthält, über die Construction Fig. 3 hinführt. Kommt man auf der Zeichnung in die Region der 10 Streifen, so tritt ein beträchtliches Abwechseln von Helligkeit und Dunkelheit ein, vorher und nachher aber nicht.

Nehmen wir nun den Unterschied zwischen *A* und *B* etwas grösser und die Streifenzahl beträchtlich. Dann tritt etwas Aehnliches ein, wie bei den Schwebungen in der Akustik. Es wird sich in dem Spectrum zunächst eine Region der Streifencoïncidenz und eine Region der Streifenalternirung zeigen. Bei Aenderung des einen Gangunterschiedes werden sich diese beiden Regionen in demselben Sinne verschieben und es wird den Anschein haben, als ob ein matter breiter dunkler Streifen über das Spectrum hinzöge. Die Folge ist einleuchtend. Das betreffende Licht muss die Newton'schen Farben zeigen und diese werden sich von den gewöhnlichen Newton'schen Farben nur durch eine stärkere Zumischung von Weiss unterscheiden.

Bei noch grösseren Unterschieden von *A* und *B* finden wir 2, 3, 4 . . . . . Coïncidenzregionen oder matte Streifen im Spectrum und die ganze bekannte Reihe der Interferenzfarben, nur matter als gewöhnlich, wird sich präsentiren.

4.

Man kann diese Betrachtungen leicht durch den Versuch

bestätigen. Zwei Jnterferenzversuche können auf doppelte Weise combinirt werden. Entweder so, dass die Gangunterschiede des einen durch jene des andern verändert werden, wie dies geschieht, wenn man zwei Krystallplatten zugleich zwischen dieselben Nicols einschaltet, oder wenn man beim Talbot'schen Versuche zwei Glimmerblättchen über einander legt. In diese Kategorie gehört der letzte der sub 2 beschriebenen Versuche. Oder man theilt das Licht mit all seinen Gangunterschieden, die es durch den ersten Versuch erlangt hat, in zwei Theile, welchen man einen neuen Gangunterschied beibringt. Um diese Versuche handelt es sich hier. In diese Kategorie gehören alle übrigen sub 2 beschriebenen Versuche. Bei der zweiten Art der Combination ist es auch einerlei, ob beide Interferenzen von gleicher oder verschiedener Art, ob beide oder eine allein durch einfache oder doppelte Brechung entstanden ist, ob man das Licht des Newton'schen Glases in einem zweiten Newton'schen Glase spiegelt, oder durch eine Krystallplatte betrachtet.

Wir wollen desshalb ein einfaches Schema für alle diese Versuche annehmen. Wir setzen drei parallele Nicols N_1, N_2, N_3 hintereinander, schalten zwischen N_1 und N_2 eine achsenparallele Quarzplatte A, zwischen N_2 und N_3 eine ebensolche Platte B ein, beide mit einer Achsenneigung von 45° gegen die Polarisationsebenen der Nicols. Sind A und B verschieden dick, so merkt man an dem durch das System tretenden Lichte nichts. Sind A und B genau gleich dick, so tritt bei Neigung von B gegen die Verbindungslinie N_1 N_3 eine abwechselnde Aufhellung, Verdunklung und bei stärkerer Neigung auch eine matte Färbung des durchdringenden Lichtes ein.

Das betreffende Licht spectral zerlegt zeigt die oben beschriebenen Erscheinungen. Man sieht zwei Streifensysteme, von welchen das eine wandert, wenn man statt der einen Platte etwa einen Keil einschiebt.

6.

Es kann hiernach die Erklärung der Nebenringe am Newton'schen Glase und der verwandten Erscheinungen nicht zweifelhaft sein. Betrachten wir das Glas durch eine Quarzplatte. Der Gangunterschied A des Newton'schen Glases wächst mit der Entfernung vom Centrum. Der Gangunterschied B, den die Quarzplatte hervorbringt, ist für alle Stellen nahe derselbe. Dort, wo A und B gleich sind, treten die hellen und dunklen Nebenringe auf, an welche sich beiderseits einige mattgefärbte Ringe anschliessen.

An den Stellen, welche einem grössern Unterschiede von A und B entsprechen, kann man gar nichts merken.

Bei der Betrachtung des Newton'schen Glases durch ein anderes Newton'sches Glas oder durch eine Krystallringfigur sind beide Gangunterschiede A und B vom Orte abhängig, daher kann man also hier im Allgemeinen keine Kreisringe mehr bekommen.

Dass die Nebenringe, wenn man sie durch einen Glimmer hervorruft, nur auf der unbedeckten Seite erscheinen, ist vollkommen analog den Erfahrungen, die man an den Talbot'schen Streifen gemacht hat. Die Talbot'schen Streifen im Spectrum erscheinen nur, wenn man den Glimmer von der violeten Seite einführt. Die Newton'schen Ringe sind nun wesentlich sich theilweise deckende Spectra, welche das Violet dem Centrum zukehren. Demnach ist bloss für die Ringe der unbedeckten Seite der Glimmer vom Violet her eingeführt, nur in diesen können also Talbot'sche Streifen eintreten und mit den schon vorhandenen Spectralstreifen coïncidiren und alterniren. Ich will mich vorläufig mit dem Hinweis auf diese Analogie begnügen.

Dass mehrere Nebenringsysteme entstehen können, ist nach unsern Auseinandersetzungen selbstverständlich. Betrachten wir das Spectrum Fig. 39, welches zwei Streifensysteme a und b enthält. Wenn durch einen dritten Interferenzversuch ein neues Streifensystem c hinzukommt, welches von den beiden vorigen sehr verschieden ist, wird man nichts merken. Sowie aber c dem a oder dem b sich nähert, treten die Abwechslungen von Helligkeit und Dunkelheit auf. Die Verallgemeinerung dieser Betrachtung auf eine beliebige Zahl von Streifensystemen liegt auf der Hand.

6.

Man sieht aus dem Vorigen, dass Erscheinungen eigenthümlicher Art auftreten können, wenn man Interferenzlicht mit all seinen Gangunterschieden ein zweites und drittes Mal u. s. w. interferiren lässt. Ich möchte mir erlauben die betreffenden Erscheinungen secundäre, tertiäre .... Interferenzerscheinungen zu nennen. Dieselben sind, wie ich glaube, von grosser Wichtigkeit für das Studium der Interferenzen bei grossen Gangunterschieden.

Interferenzlicht von sehr grossem Gangunterschied gibt ein Spectrum mit vielen feinen dunklen Streifen. Mit der Vergrösserung des Gangunterschiedes werden diese Streifen zuletzt unsichtbar und unzählbar fein, so dass auch dieses Mittel seinen Dienst versagt. Es ist aber nach dem Obigen nicht schwer ein neues Untersuchungsmittel ausfindig zu machen.

Lässt man das Licht eines solchen Spectrums noch einmal eine Interferenz durchmachen, so bringt diese ein zweites Streifensystem hervor. Sobald der zweite Gangunterschied dem ersten nahe kommt, treten die Abwechslungen von Coïncidenzen und Alternirungen, also matte Streifen im Spectrum auf. Diese secundären Streifen können sichtbar und zählbar sein, ohne dass es die primären zu sein brauchen. Man kann also, wenn man den zweiten Gangunterschied kennt, durch Abzählung der secundären Streifen den ersten bestimmen. Ausserdem hat man hiemit ein Mittel zu untersuchen, ob Licht von einer gegebenen Grösse des Gangunterschiedes überhaupt noch interferirt.

Ich habe bisher nur einen Versuch dieser Art ausgeführt, welcher aber vollständig zur Befriedigung ausfiel. Drei parallele Nicols standen vor dem Spalt des Spectralapparates. Ein Quarzkrystall von 3ᵐᵐ Dicke zwischen dem ersten und zweiten Nicol gab theils wegen der geringen Dispersion, theils weil er nicht geschliffen war, keine sichtbaren Streifen. Ebenso verhielt sich ein zweiter nahe gleicher Krystall zwischen dem zweiten und dritten Nicol. Beide Quarze zusammen gaben aber sofort die secundären Streifen im Spectrum.

Es ist klar, dass auf vollkommen homogenes Licht die besprochene Methode nicht anwendbar ist. Sie wird aber sofort wieder brauchbar, so wie das Licht im Geringsten von der Homogeneität abweicht, sobald ihm also ein Spectrum, wenn auch ein noch so schmales entspricht. Wo die Fizeau'schen Ringe der beiden Natriumlinien sich confundiren, müssen sich z. B. Nebenringe hervorrufen lassen.

Wie man sieht, beruht die vorgeschlagene Methode wieder auf der Combination mit einander vergleichbarer Vorgänge.

7.

Verschaffen wir uns eine quantitative Vorstellung von den eben besprochenen Erscheinungen. Zwischen zwei parallelen Nicols befinde sich eine achsenparallele Quarzplatte mit einer Achsenneigung von 45° gegen die Polarisationsebene. Das Licht dringt durch das erste Nicol in der Amplitude a ein, wird im Quarz in zwei Componenten zerlegt, deren jede, wenn sie auf die ursprüngliche Polarisationsebene durch das zweite Nicol

106

zurückgeführt wird, die Amplitüde $\frac{a}{2}$ hat. Nennen wir nun
t die Zeit und τ den Phasenunterschied, welchen die Componenten
im Quarz erhalten haben, so ist der aus dem zweiten Nicol tretende
Strahl darstellbar durch

$$\frac{a}{2}\ sin\ t + \frac{a}{2}\ sin\ (t + \tau) \text{ oder durch}$$

$$\frac{a}{2}\sqrt{2\ (1 + cos\ \tau)}\ sin\ (t + \vartheta)$$

wobei wir, da uns blosse die Amplitüde $\frac{a}{2}\ \sqrt{2\ (1 + cos\ \tau)}$ interessirt, die auf die Phase bezügliche Constante ϑ nicht weiter
beachten. Ist also a^2 die Intensität des durch das erste Nicol
tretenden Lichtes, so ist sie nach dem Durchgang durch das
System

$$a^2\ \frac{(1 + cos\ \tau)}{2}$$

Bedenkt man nun, dass τ mit der Wellenlänge variabel
ist, so erkennt man die Variation der Lichtintensität beim
Durchlaufen des Spectrums zwischen dem Maximum a^2 und
dem Minimum o. Die mittlere Helligkeit eines solchen
Spectrums ist

$$\frac{1}{2\pi}\ \frac{a^2}{2}\int_0^{2\pi} (1 + cos\ \tau)\ d\tau = \frac{a^2}{2} \text{ also die Hälfte von jener des}$$

durch das erste Nicol tretenden Lichtes.

Lassen wir nun das Licht, dessen Spectrum so beschaffen
ist, nochmals ein Nicol mit einer eingeschalteten Quarzplatte
durchsetzen. Letztere soll nahe die gleiche Dicke haben wie
die erste. Das Licht kann nun nur mehr mit jener Intensität
in's Spiel kommen, die es noch übrig hat, erfährt aber sonst
dieselbe Intensitätsveränderung. Aus der ursprünglichen Intensität a^2 erhielten wir die Intensität nach dem ersten Process
durch Multiplication mit $\frac{(1 + cos\ \tau)}{2}$. Ebenso werden wir hier
verfahren. Coïncidiren die Streifen der zweiten Platte mit jenen
der ersten, so erhalten wir die Intensität nach dem zweiten
Process

$$a^2\ \frac{(1 + cos\ \tau)}{2}\ .\ \frac{(1 + cos\ \tau)}{2}$$

findet aber ein Alterniren der Streifen statt, so haben wir

$$a^1 \frac{(1 + cos\ \tau)}{2} \cdot \frac{(1 - cos\ \tau)}{2}$$

Bei sehr zahlreichen Streifen, die wir als unsichtbar sein annehmen wollen, und bei einer geringen Verschiedenheit der Platten wechseln die Coïncidenz- und Alternirungsstellen. Die mittlere Intensität einer solchen Coïncidenzstelle ist nun

$$\frac{1}{2\pi} \frac{a^1}{4} \int_0^{2\pi} (1 + 2\ cos\ \tau + cos\ \tau^2)\ d\ \tau = \frac{3}{8} a^1$$

und jene einer Alternirungsstelle

$$\frac{1}{2\pi} \frac{a^1}{4} \int_0^{2\pi} (1 - cos\ \tau^2)\ d\ \tau = \frac{1}{8} a^1$$

In diesem zweiten Spectrum verhält sich also die grösste Helligkeit zur kleinsten wie 3 : 1, während das Verhältniss im ersten Spectrum $a : o$ ist. Das zweite Spectrum kann also nur matte Streifen zeigen.

Merkwürdig ist der Anblick, welchen das Spectrum des Lichtes bietet, das durch eine zwischen zwei Nicols eingeschaltete Quarzplatte gegangen ist. Es scheint, bei passender kleiner Spaltenbreite des Spectralapparates, aus isolirten hellen Bändern zu bestehen, während doch factisch die Lichtintensität sehr allmälig varürt. Man bemerkt, dass die Intensitätscurve

$$a^1 \frac{(1 + cos\ \tau)}{2}$$ Wendepunkte der Krümmung und an denselben

Stellen, bei bedeutender Lichtintensität, ein starkes Gefälle hat, wodurch sich die Erscheinung nach dem von mir aufgestellten physiologisch-optischen Princip[1]) leicht erklärt.

Leicht ergibt sich noch folgende Bemerkung. Wenn man das Licht durch eine ganze Reihe von gleich dicken Quarzplatten treten lässt, von welchen je zwei durch ein Nicol getrennt sind, so ist die Intensität im Spectrum des Lichtes, welches diese Processe durchgemacht hat,

$$a^1 \frac{1 + cos\ \tau}{2} \cdot \frac{1 + cos\ \tau}{2} \cdot \frac{1 + cos\ \tau}{2} \dots = a^1 \left(\frac{1+cos\ \tau}{2}\right)^m$$

wobei m die Zahl der Quarzplatten bedeutet. Da nun $\frac{1 + cos\ \tau}{2}$ für alle Stellen mit Ausnahme der Maximalstellen ein echter

---

[1]) Ueber die Wirkung der räumlichen Vertheilung des Lichtreizes auf die Netzhaut. Sitzb. d. Wien. Akademie Bd. 52 (1865).

Bruch ist, so wird die Intensität überall ausser den Maximalstellen sehr verkleinert sein. Man wird auf diese Weise einzelne
isolirte helle Linien von beliebiger Schärfe herstellen können,
was für die Genauigkeit mancher Messungen von Nutzen
sein wird. .

Endlich sei erwähnt, dass ich versucht habe, Lichtunter-
brechungen in einer sehr grossen Zahl per Secunde durch folgendes Verfahren herzustellen. Eine Quarzplatte und der Knoten
eines schwingungsfähigen Glasstabes befinden sich zwischen zwei
Nicols, dann folgt noch eine Quarzplatte von derselben Dicke
wie die erste und noch ein Nicol. Man erhält so ein Spectrum
mit zwei coïncidirenden Streifensystemen, von welchen das eine
beim Tönen des Glasstabes mit grosser Geschwindigkeit sich
über dem andern verschiebt. Lässt man das Licht ohne spectrale
Zerlegung durchtreten, so erfährt dieses sehr zahlreiche Unter-
brechungen. Auf diese Versuche und deren Anwendung komme
ich nächstens zurück. .

Die spectrale Untersuchung der tönenden Luft.

Bringt man am geschlossenen Ende einer gedeckten Pfeife eine
Querbohrung an, welche man mit guten Planglässern verschliesst,
die über das gedeckte Ende hinausragen, so kann man dieselbe
in der Weise zwischen die Jamin'schen Spiegel einschalten,
dass eines der interferirenden Lichtbündel durch die Luft der
Pfeife und die Planglässer, das andere durch die äussere Luft
und die Planglässer geht. Die betreffenden Interferenzstreifen
schwingen nun, wenn die Pfeife zu tönen beginnt. .

Zerlegt man das Licht eines Interferenzstreifens spectral,
so zeigt das Spectrum wieder schöne dunkle Streifen, welche
schwingen. Dieses Spectrum kann nun durch eine Cylinderlinse
zu einer Linie eingeschnürt und in einem rotirenden Spiegel,
dessen Rotationsachse zur Dispersionsrichtung parallel ist, betrachtet werden, wobei die dunklen Stellen derselben in Curven
ausgezogen werden, welche die Dichtenvariation im Knoten der
Pfeife ersichtlich machen. Diese Procedur wurde schon im
Tagblatt der 44. Naturforscherversammlung zu Rostock 1871
Nr. 4 angegeben und zugleich auf die Möglichkeit, die Curven
zu photographiren, hingewiesen. .

Bei Wiederaufnahme dieser Versuche habe ich nun das Verfahren etwas modificirt. Hat man Sonnenlicht zur Verfügung, so kann man das Spectrum mit den Interferenzstreifen direct auf eine Saite werfen, so dass die dunklen Streifen die Saitenrichtung senkrecht durchschneiden. Man erhält so, wenn man die Saite vor einem dunklen Grunde streicht, während die Pfeife tönt, Lissajous'sche Figuren, aus welchen man die Schwingungsweise sofort abnehmen kann.

Die Beobachtungen sind aber auch mit Lampenlicht ausführbar. Dann schaltet man zwischen den Collimator und das Prisma des Spectralapparates die Jamin'schen Spiegel mit der Pfeife ein und führt quer über den Spalt des Spectralapparates hart an diesem vorbei die nahe auf die Pfeife gestimmte zu streichende Saite. Man kann dann die Schwingungsfiguren subjectiv beobachten.

Statt der Saite kann auch ein an der Zinke einer electromagnetischen Stimmgabel schwingender Draht vor der Spalte angebracht werden. Die Interpretation der Curven ist jedoch einfacher bei Anwendung der Saite. Man kann auch in die Bildebene des Beobachtungsrohres den Spaltenschirm einer electrischen Gabel mit einem feinen zur Streifenrichtung senkrechten Schlitz schwingen lassen.

Nach verschiedenen Arten der Beobachtung habe ich ohne Schwierigkeit nicht nur die beiden von Töpler und Boltzmann ermittelten, Pogg. Ann. Bd. 141 S. 334 und S. 345 beschriebenen Schwingungscurven, direct an gedeckten Pfeifen beobachtet, sondern noch viele andere, welche jedoch mit der Stärke des Anblasens rasch variirten.

Bei Versuchen mit offenen Pfeifen sind einige Schwierigkeiten zu überwinden. Die erste besteht in den durch den Luftzug verursachten Temperaturstörungen, welche die Interferenzstreifen oft ganz zum Verschwinden bringen. Ausserdem erhält man aber nicht die vollständige Schwingungscurve der Pfeife, wenn man das Licht nur durch den Knoten des Grundtones treten lässt, weil daselbst alle geradzahligen Theiltöne Schwingungsbäuche haben. Lässt man aber das Licht noch durch den Knoten der Octave gehen, so fehlen wieder die geradzahligen Obertöne dieser in der Schwingungscurve. Man sieht also, dass in diesem Falle die Untersuchung ziemlich complicirt wird. Meine Versuche in dieser Richtung sind auch lange noch nicht abgeschlossen, da ich ausserdem noch angefangen habe, die Schwingungen des Wassers nach einem ähnlichen Verfahren zu prüfen. Die Schwingungen des Wassers sind nämlich in mancher Hinsicht noch räthselhaft und es ist zu bemerken, dass Cagniard-Latour darüber viele beachtenswerthe, heute aber nicht mehr beachtete, Untersuchungen angestellt hat.

Wie man sieht, ist mein Verfahren von dem Töpler-Boltzmann'schen nicht wesentlich verschieden. Es gestattet zunächst ohne besondere Veranstaltungen keine genaue Messung. Dafür gibt es aber ein unmittelbares Bild des Schwingungsvorganges. Ausserdem war bei meinen Versuchen das Schliessen der Pfeifen durch eine sehr dünne Platte unnöthig und eben so unnöthig das mehrmalige Durchführen des Lichtes, weil bei Interferenzstreifen von grosser Distanz, die man beim spectralen Verfahren immer herstellen kann, die Schwingung schon bei einmaligem Durchführen ausgiebig genug ist. Hiemit ist aber wieder, weil alle Lichtschwächungen vermieden sind, die Möglichkeit gegeben, bei Lampenlicht zu beobachten.

www.ingramcontent.com/pod-product-compliance
Lightning Source LLC
Chambersburg PA
CBHW021824190326
41518CB00007B/732